建筑电气与智能化系列

建筑电气CAD实用教程

第2版

主　编　王　佳　周小平
副主编　谢雨飞　梁海霞
参　编　李　佳　段晓廷　王晓辉
　　　　余珮瑶　郭雪川　常雪梅

中国电力出版社
CHINA ELECTRIC POWER PRESS

内 容 提 要

本书以实操为切入点，依循实际工程的设计思路进行讲授。内容涵盖如何绘制照明和动力平面图及系统图、弱电电气工程图、建筑防雷与接地电气工程图、变配电所电气工程图，以及如何进行照度计算、负荷计算、电压损失计算和短路电流计算等多个专题。从设计思路、设计步骤，到具体设计工具的使用，均翔实且细致，能助读者迅速上手，按步骤操作，轻松完成整套电气施工图纸的绘制工作。此外，本书还阐述了如何实现设计软件的个性化，让设计者的工作更为轻松自在。

本书是建筑电气工程技术人员轻松入门与提升的工具书，便于自学，亦可作为高等院校和社会化培训的专业教材。

图书在版编目（CIP）数据

建筑电气 CAD 实用教程/王佳，周小平主编；谢雨飞，梁海霞副主编．-- 2 版．--北京：中国电力出版社，2024.9. --（建筑电气与智能化系列）．-- ISBN 978-7-5198-9088-9

Ⅰ. TU85-39

中国国家版本馆 CIP 数据核字第 2024M05L19 号

出版发行：中国电力出版社
地　　址：北京市东城区北京站西街 19 号（邮政编码 100005）
网　　址：http://www.cepp.sgcc.com.cn
责任编辑：杨淑玲（010-63412602）
责任校对：黄　蓓　王海南
装帧设计：王红柳
责任印制：杨晓东

印　　刷：廊坊市文峰档案印务有限公司
版　　次：2014 年 1 月第一版　2024 年 9 月第二版
印　　次：2024 年 9 月北京第一次印刷
开　　本：787 毫米×1092 毫米　16 开本
印　　张：9.5
字　　数：237 千字
定　　价：39.80 元

前　言

计算机辅助设计和绘图技术已成为设计人员的必备技能之一，本书的作者团队是讲授建筑电气设计和CAD技术相关课程多年的资深教师和专业权威人士，本书以实操为切入点，依循实际工程的设计思路进行讲授。内容涵盖如何绘制照明和动力平面图及系统图、弱电电气工程图、建筑防雷与接地电气工程图、变配电所电气工程图，以及如何进行照度计算、负荷计算、电压损失计算和短路电流计算等多个专题。从设计思路、设计步骤，到具体设计工具的使用，均翔实且细致，能帮助读者迅速上手，按步骤操作，轻松完成整套电气施工图纸的绘制工作。此外，本书还将阐述如何实现设计软件的个性化，让设计者的工作更为轻松自在。

全书共分9章。第1章介绍了CAD概念及发展趋势。第2章是全书的重点，详细介绍了绘制照明和动力平面图、系统图的方法等，大量的图片使读者轻而易举地就可以按步操作，翔实的操作说明使学习过程更加轻松有效。第3章讲述了如何绘制弱电系统图。第4章讲述了绘制建筑防雷与接地电气工程图的方法，还演示直观检测避雷区域的方法。第5章讲述了变配电室电气工程图的绘制方法和步骤。第6章介绍了绘制建筑设备电气控制原理图的方法。第7章讲述了电气工程计算的内容，并详细介绍了通过专业的电气软件进行照度计算、负荷计算、无功补偿和低压短路计算等。第8章讲述了绘图的通用工具，以及提高绘图效率的实用技巧。第9章介绍了目前建筑设计中正在兴起的BIM技术。全书的内容基本上涵盖了建筑电气设计各个方面，能带领读者轻松进入建筑电气CAD技术领域。本书按新软件系统对第一版内容进行了全面的更新，以便读者适应新系统软件的学习需要。

本书是建筑电气工程技术人员轻松入门与提升的工具书，便于自学，亦可作为高等院校和社会化培训的必备教材。

本书由王佳和周小平担任主编，谢雨飞和梁海霞担任副主编。全书由王佳和周小平进行统稿，第1章由王佳、王晓辉编写，第2～8章由王佳、谢雨飞、梁海霞、李佳和段晓廷编写，第9章由周小平和余珮瑶编写。郭雪川和常雪梅也参与了全书的编写和操作视频的制作工作。本书免费赠送AutoCAD2024电气设计软件试用版和操作视频，如有需要可扫描下面二维码获取。

由于时间仓促，书中难免存在不足之处，敬请读者批评指正。

AutoCAD2024电气设计软件试用版下载

操作视频下载

编者

2024年8月

第一版前言

计算机辅助设计和绘图技术已成为设计人员的必备技能之一，本书的作者团队是讲授建筑电气设计和CAD技术相关课程多年的资深教师和专业权威人士，从工程设计的实际应用出发，结合当今最为流行的电气设计软件，以典型的设计范例为对象，向读者展示建筑设计中的电气设计部分如何利用专业的计算机辅助设计软件来实现。全书通俗易懂，简单明了，介绍了很多非常适用的绘图技巧。

本书讲授的方法可以极大地提高读者的工作效率和专业竞争力，帮助读者成为电气设计和绘图的职业高手，从而在充满竞争的职场中，获得最佳的位置。本书还可作为本科和大专院校学生学习建筑电气CAD技术的教材，通过轻松快捷的方式，使学生很快地掌握这项技术，为其进入设计院从事电气设计工作铺平道路。

全书共分9章。第1章介绍了CAD技术的发展历程。第2章是全书的重点，详细介绍了绘制照明和动力平面图、系统图的方法，大量的图片使读者轻而易举地就可以按步操作，翔实的操作说明使学习过程更加轻松有效。第3章讲述了如何绘制弱电系统图。第4章讲授了建筑防雷与接地电气工程图的绘制方法，并示范了如何通过演示的方法直观地检测避雷区域。第5章讲授了变配电室电气工程图的绘制方法和步骤。第6章介绍了绘制建筑设备电气控制工程图的方法。第7章讲授了建筑电气计算的内容，并详细介绍了通过专业的电气软件进行照度计算、负荷计算、电压损失计算和短路电流计算的方法。第8章讲授了通用的绘图工具，以及可提高绘图效率的实用技巧。第9章介绍了目前建筑设计中正在逐步兴起的BIM技术。全书的内容基本上涵盖了建筑电气设计的方方面面，是读者进入建筑电气CAD技术领域的良师益友。

本书由王佳任主编，梁海霞任副主编。第1章由王晓辉编写，第2～7章由王佳、梁海霞、李佳编写，第8章和第9章由周小平编写。

由于时间仓促，书中难免存在不足之处，敬请读者批评指正。

编者

2013年12月

目　录

第1章　CAD　概　论

计算机辅助设计（Computer Aided Design，CAD）是一种利用计算机硬、软件系统，辅助设计人员对工程或者产品进行专业设计的方法与技术，包括构思、绘图、分析、数据与文档处理等设计活动，它是一门多学科综合应用的新技术。

1.1　CAD基本概念

CAD（计算机辅助设计）是在产品设计、工程设计中广泛应用的一种全新的设计方法，是综合了计算机科学与设计方法的发展而形成的一门新兴学科，它引发了信息技术对工程建设行业的技术革命。CAD基本概念如图1-1所示。CAD技术与计算机软、硬件技术，工程设计技术密不可分，相辅相成。

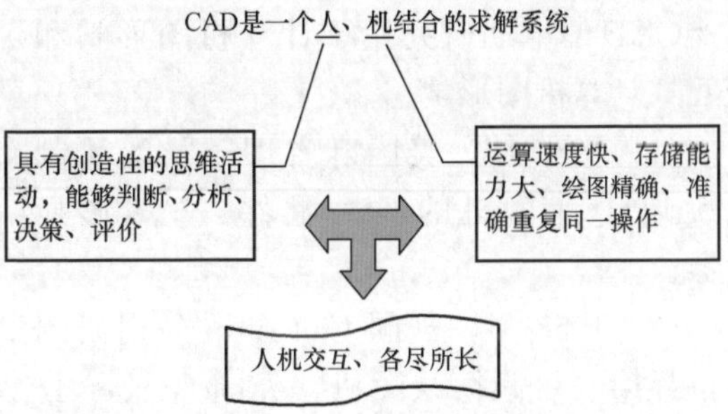

图1-1　CAD基本概念

CAD（计算机辅助设计）是人和计算机相结合的、各尽所长的求解系统。它找到了人和计算机的最佳结合点，集计算机强有力的计算功能、高效率的图形处理能力、先进的设计理论与设计方法于一体，最大限度地解决了设计工作中的自动化与智能化问题。在设计过程中，计算机能够发挥其分析计算和存储信息的能力，完成信息管理、绘图、模拟、优化和其他数值分析任务；人进行创造性的思维活动，完成设计方案构思、工作原理拟定，将设计思想、设计方法经过综合、分析，转换成计算机可以处理的数学模型和解析这些模型的程序，人可以评价设计结果，控制设计过程，CAD将计算机与人各自优点完美地结合到了一起。

CAD包括诸多内容，如计算机辅助绘图、概念设计、优化设计、有限元分析、计算机仿真等，不能单纯地认为CAD就是计算机绘图。在实际设计工作中，需要对大量信息进行加工、管理和交换，在设计人员经过初步构思、判断、决策之后，CAD技术可以对丰富的设计资料和信息数据进行检索，根据设计要求进行计算、分析及优化，最终帮助设计人员确定最优方案。在此过程中，逻辑判断、科学计算和创造性思维是反复交叉进行的。

通常，一个完善实用的CAD系统是针对某个专业、某类工程或者某种产品进行研制的。除了以计算机图形理论为基础，计算机绘图系统为手段外，还需有专业设计工作所涉及的基础数学、设计理论、设计方法及专家经验等方面的知识。CAD系统应包含设计过程中的设计计算、工程数据库及绘图处理等各个环节。

与传统的手工绘图相比，CAD具有巨大的优越性，主要表现在以下几个方面：

（1）提高设计质量。在计算机系统内存储了各专业的综合性的技术知识，为设计工作提供了科学的基础。计算机与人交互作用，有利于发挥人、计算机各自的特长，使设计更加合理化。

（2）提高设计效率。在实际设计工作中，计算和图纸的绘制节省了设计时间，缩短了设计项目周期。与传统的设计方法相比，CAD 的设计效率可提高 3～5 倍以上。

（3）降低经营成本。随着 CAD 的广泛应用，劳动力和原材料大大节省，生产经营的准备时间不断缩短，产品更新换代加快，产品在市场上的竞争能力日益增强。

（4）促进创造创新。CAD 技术将设计人员从烦琐的计算和绘图工作中解放出来，使其能从事更多的创造性劳动。同时，不断升级的 CAD 系统与设计人员的创新活动完全融合在一起。

1.2 CAD 发展历程

CAD 始于 20 世纪 50 年代，发展到现在已经在二维绘图、三维建模、参数化设计等方面取得了巨大的成就，并达到了全面普及的地步，如图 1-2 所示。

1. 初始准备阶段

CAD 的早期研究始于计算机图形学和交互式计算机图形学。

（1）1950 年，美国麻省理工学院研制出旋风Ⅰ计算机的一个配件——图形显示器。

（2）1958 年，美国 CalComp 公司研制出世界第一台滚筒绘图机，美国 Gerber 公司把数控机床发展成平板式绘图机，计算机辅助绘图开始得以尝试。

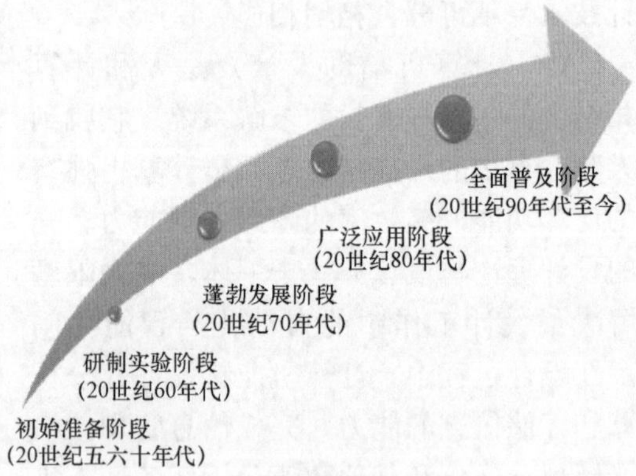

图 1-2 CAD 发展历程

（3）20 世纪 50 年代末，美国 MIT 林肯实验室在旋风计算机基础上开发了 SAGE 空中防御系统，它标志着交互式图形技术的诞生，为 CAD 发展做好了必要的准备。

2. 研制实验阶段

20 世纪 60 年代后，开始出现商品化的 CAD 设备，此为第一代 CAD 系统。

（1）1962 年，美国麻省理工学院的 Ivan Sutherland 博士研制出世界第一台利用光笔的交互式图形系统 SKETCHPAD，并在其博士论文《SKETCHPAD：一个人机通信的图形系统》中首次提出计算机图形学、交互技术、分层存储符号的数据结构等新思想。这些基本理论和技术至今仍然是现代图形技术的基础。因此也有人把这认为是 CAD 真正出现的标志。

（2）由于那时计算机和图形设备的价格昂贵、技术复杂，只有一些实力雄厚的大公司才能够使用这一技术，但作为 CAD 技术的基础，计算机图形学在这一阶段得到了快速发展。

（3）此阶段为 CAD 的发展初期，CAD 的含义是计算机辅助绘图（Computer Aided

Drawing)，出现了商品化的 CAD 设备，从而能够代替纸质的图版完成图形绘制。

3. 蓬勃发展阶段

第二代 CAD 系统的发展始于 20 世纪 70 年代，技术特征是交互绘图系统及三维几何造型系统。

(1) 20 世纪 70 年代以小型机为平台的 CAD 系统出现，图形软件和 CAD 应用支撑软件得以应用，图形设备（如光栅扫描显示器、图形输入板、绘图仪等）相继推出和完善。

(2) 在这一时期，曲面造型技术和实体造型技术获得了快速的发展。美国 MIT 的 Coons 和法国雷诺公司的 Bezier 先后提出了新的曲面造型技术，使得人们可以使用计算机处理曲线及曲面问题。1977 年，法国达索飞机公司推出了计算机辅助三维交互应用（CATIA)，实现了计算机的三维曲面建模。在实体造型技术方面，广泛采用了实体几何构造法和边界表示法，并在 CAD 系统内部采用了数据库技术。实体造型技术采用基本体素和布尔运算来构造三维模型，在理论上有助于统一 CAD/CAE（计算机辅助工程）/CAM（计算机辅助制造）的模型表达。

(3) 20 世纪 70 年代末期到 80 年代初，工业标准 IGES（初始图形交换规范）和 STEP（产品数据交换标准）的制定为 CAD 的进一步发展打下了坚实的基础。

4. 广泛应用阶段

第三代 CAD 系统出现于 20 世纪 80 年代中期。

(1) 20 世纪 80 年代，大规模和超大规模集成电路、工作站和个人电脑的出现，使得 CAD 系统的性能有了很大提高。CAD/CAE/CAM 技术一体化的综合软件让 CAD 又上了一个新台阶。

(2) 这一时期出现的 CAD 系统的特点是基于特征、全尺寸约束、全数据相关、尺寸驱动设计修改等。当时具有代表性的 CAD 系统为 Autodesk 1982 年推出的 AutoCAD、PTC 公司所推出的 Pro/Engineer。

(3) 这些 CAD 系统都可以运行在个人电脑上，因此降低了成本，迎合了众多的中小企业实际需求，使得 CAD 的技术和产品得到更为广泛的应用。

5. 全面普及阶段

从 20 世纪 90 年代至今，CAD 技术日益成熟，CAD 标准化体系也进一步完善。

(1) CAD 技术在经历了二维绘图、曲面造型、实体造型、特征造型、参数化设计、变量化设计等几次变革后，随着 CAD 技术的微机化及计算机网络技术的普及，网络 CAD 技术进一步深化，从而引发出并行设计等一系列的变化。

(2) 在计算机环境下，从事零件设计与制造的各种技术人员并行参与同一产品的设计与制造过程，产生符合 CAD/CAM 集成系统各环节要求的产品数据，完成产品的制造，最大限度地发挥 CAD/CAM 集成系统的作用，大大缩短了生产周期，提高了产品质量。

(3) 利用网络技术，分布式操作系统，分布式数据库等技术，使各工作阶段间的数据资源、硬件资源得以共享，大大减少了 CAD 系统的投资成本。

1.3　CAD 系统应用

1. CAD 系统的组成

一个完整的 CAD 系统由硬件和软件两部分组成，要想充分发挥 CAD 的作用，必须要同时具有高性能的硬件和功能强大的软件。

CAD 系统的软件主要包括支撑软件和应用软件。支撑软件除了 Windows 这样的操作系统外，主要指的是图形支撑软件平台。另一类是专业应用软件，它是根据本领域、本专业的工程特点开发的应用软件系统，利用图形支撑软件平台提供的二次开发工具或数据接口功能，将各类专业设计技术研制成 CAD 系统的各类设计工具和知识，使设计能直接按照专业设计的方法进行，大大提高了 CAD 系统的"设计"能力和效率。

2. CAD 系统的应用领域

目前，在土木建筑、城市规划、园林设计、机械制造、电子电路、航空航天、交通、轻工、纺织、化工、船舶、汽车、模具、广告等领域和行业，CAD 系统均得到了广泛的应用。

在工程建设领域中，房屋、结构、桥梁、管线、水渠、大坝、市政规划、室内装潢等都应用了 CAD 技术。近年来随着计算机硬件性能的增强，CAD 技术也取得了飞速的发展，可采用虚拟现实技术对建筑物抗震、抗风、抗灾、防火、防水等能力进行模拟分析。

在机械制造领域，现代的 CAD 过程往往与制造过程中的计算机辅助工艺规划（CAPP）和数控编程（NCP）联系在一起，形成集成的 CAD/CAM 系统。在制造业中，飞机、汽车、轮船、航天器，机床、模具等产品及零部件的设计全过程采用了 CAD 技术。当前多数 CAD 系统均集设计、绘图、分析计算、仿真等为一体。

在电子电路方面，CAD 系统具有原理图绘制、原理布线多层板设计全套功能，尤其在集成电路的设计制造中，若没有 CAD 技术的应用，设计和制造大规模集成电路是不可能的。利用 CAD 系统，设计人员可以快速完成原理图电路性能分析、可靠性试验及故障模拟等工作。

1.4　CAD 发展趋势

在现阶段以及未来一段时期内，三维图形处理技术将得以普及与应用，科学计算可视化、虚拟设计、虚拟制造技术将进一步深化，CAD 应用也会被更广泛地接受，无图纸设计与生产逐步变为现实。

未来的 CAD 系统向标准化、开放化、集成化、智能化的方向发展，将大大提高 CAD 系统的智能化水平和专业化水平，更加准确高效地协助设计人员进行设计。

1. 标准化

目前标准有两大类：一是公用标准，主要来自国家或国际标准制定单位；二是市场标准或行业标准属私有性质。前者注重标准的开放性和所采用技术的先进性；后者以市场为导向，注重考虑有效性和经济利益，容易导致垄断和无谓的标准战。鉴于行业标准之弊端，有专家建议标准革新的目标是公用标准应变成工业标准。

2. 开放化

开放性的 CAD 系统目前广泛建立在开放式操作系统窗口 Windows 和 UNIX 平台上，在 Java LINUX 平台上也有 CAD 产品。此外 CAD 系统都为使用者提供了二次开发环境，这类环境可开发其内核源码，甚至可以定制自己的 CAD 系统。

3. 集成化

集成化体现在三个层次上：一是广义 CAD 功能，CAD/CAE/CAPP/CAM/CAQ/PDM/ERP 经过多种集成形式成为企业一体化解决方案。二是将 CAD 技术能采用的算法，甚至功能模块或系统，做成专用芯片，以提高 CAD 系统的效率；三是 CAD 基于网络计算环境实现异地、异构系统在企业间的集成。

4. 智能化

智能化设计是一个含有高度智能的人类创造性活动领域，智能 CAD 是 CAD 发展的必然方向。智能 CAD 不是简单地将现有的智能技术与 CAD 技术相结合，更要深入研究人类设计的思维模型，并用信息技术来表达和模拟它，而且必将为人工智能领域提供新的理论和方法。

第 2 章　如何绘制照明和动力电气工程图

照明和动力电气工程图是建筑电气工程图中重要的组成部分，是最重要的图纸之一。照明工程主要包括灯具、开关、插座等电气设备及相关配电线路的安装与敷设；动力工程主要包括以电动力为动力的设备、装置及相关起运装置、控制箱、配电线路等的安装与敷设。照明和动力电气工程图一般包括平面图、系统图等图纸，在绘制过程中应认真执行国家的相关规范与标准，采用国标规定的图例及符号，并对不同的设备和导线加以补充标注。图纸应力求简化，但又能详细准确地表达设计师的总体设计意图。

2.1　如何绘制平面图

在照明和动力电气工程图的平面图上，应根据相关“国标”规定，采用与文字标注相结合的方法表示出建筑物内各种电气设备的平面布置、安装方式及线路的走向、配电方式和敷设部位等信息，描述的对象是照明设备和供电线路中配电箱、照明线路、灯具、开关、插座及其他电器的型号、容量、规格、安装方式等内容。

应用绘图软件绘制平面图的基本步骤如下：

（1）绘图参数设置。

（2）在平面图中进行设备布置。

（3）在平面图中绘制导线。

（4）在平面图中标注设备及导线。

图 2-1 所示为某建筑平面图，下面将介绍如何使用电气设计软件在该建筑平面图上完成照明平面图的绘制。

目前市面上常用的电气设计软件包括浩辰 CAD 电气、天正 CAD 电气等软件，这些设计软件都经过了多年的迭代更新，各有特色，都完全可以支持电气等专业的设计工作。为了便于说明，本书以浩辰 CAD 电气软件为例，详细介绍设计过程和方法。

电气设计软件界面主要由下拉菜单、工具条、屏幕菜单、命令行、绘图区、属性框、状态栏和功能框等几部分组成，如图 2-2 所示。可以从下拉菜单、工具条、快捷键和屏幕菜单进入命令，下面将以屏幕菜单中的功能为例对其进行介绍。

1——下拉菜单：可调用大多数命令。

2——工具条：可通过单击图标按钮调用命令。工具条可以打开和关闭，通常设置只显示常用工具条。

3——屏幕菜单：屏幕菜单基本结构和下拉菜单一样，只是操作方式有所区别。

4——命令行：在底部命令行可输入命令，上面几行可显示命令执行历史。

5——状态栏：状态栏中包括一些绘图辅助工具按钮，如栅格、捕捉、正交、极轴、对象追踪等，此外，状态左侧会显示命令提示和光标所在位置的坐标值。

6——属性框：用于显示和编辑对象的属性，选择不同对象属性框将显示不同的内容。

7——功能框：选择功能弹出的对话框。

8——绘图区：绘图的工作区域，所有绘图结果都将反映在这个区域里。

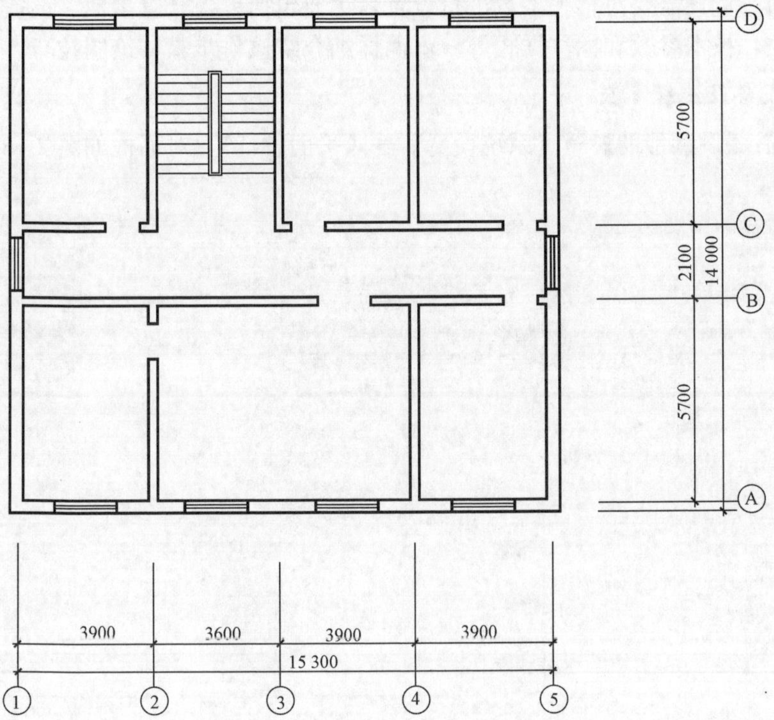

图 2-1　某建筑平面图（单位：mm）

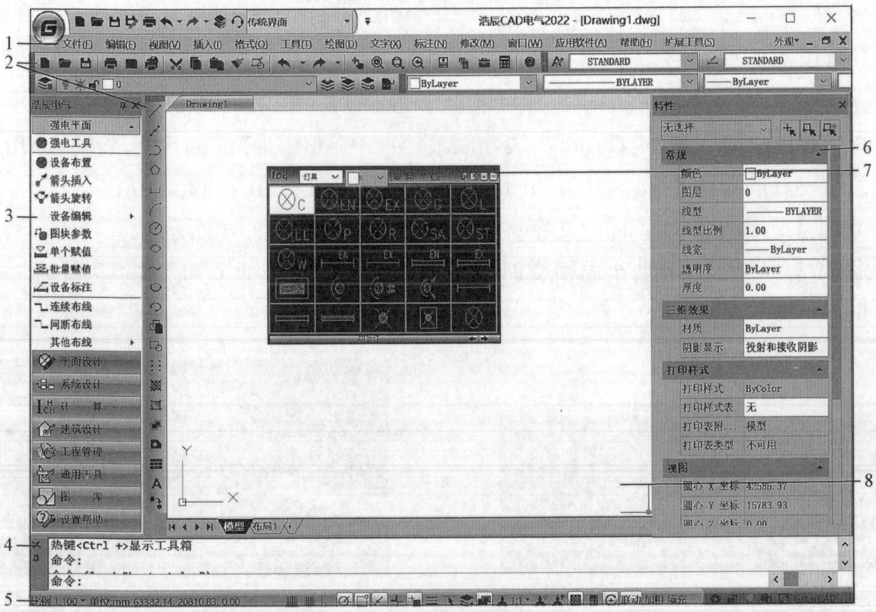

图 2-2　电气设计软件界面

2.1.1　平面设计参数设置

在绘图前，首先需要对相关参数进行设置，主要包括设备布置参数、设备标注形式、线缆的绘制样式、技术参数和标注样式等。下面详细介绍操作步骤、绘图技巧。

1. 设定设备及线缆参数

菜单位置：【设置帮助】→【系统设置】→【平面设计】，对话框如图 2-3 所示。

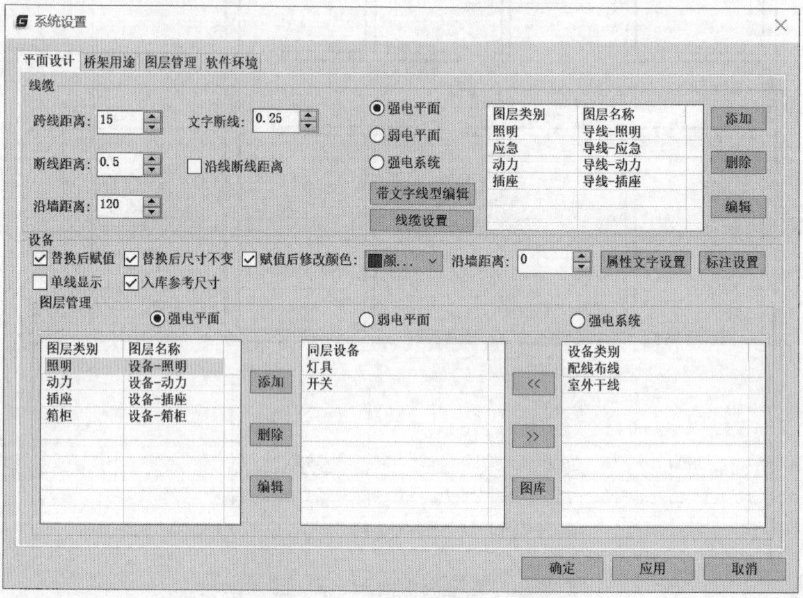

图 2-3　平面设计参数设置

线缆参数设定主要包含以下选项：

【跨线距离】：导线跨越设备时（不与该设备连接），跨线断开处距设备边的距离，单位为 mm。如：跨线距离设置为 15mm，线型比例为 1∶100，跨越的设备宽度 300mm，那么从断线起点到终点的距离＝15×100mm＋300mm＋15×100mm＝3300mm。

【文字断线】：导线带文字时，文字的断线的距离，如图 2-4 所示。

【断线距离】：导线与其他导线相交时（非连接），相交处垂直断线的距离的一半，单位为 mm，如图 2-5 所示。

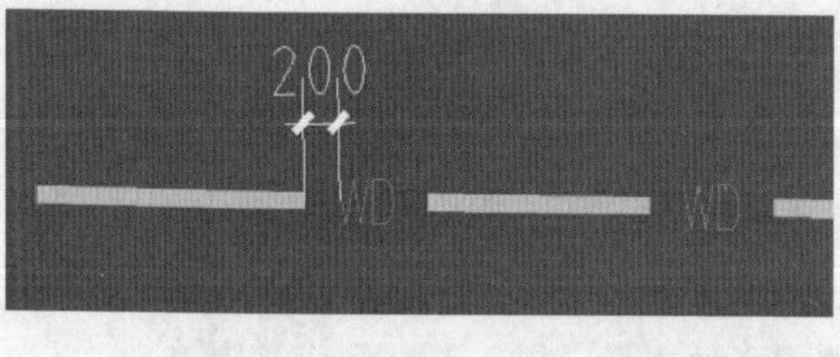

图 2-4　文字断线

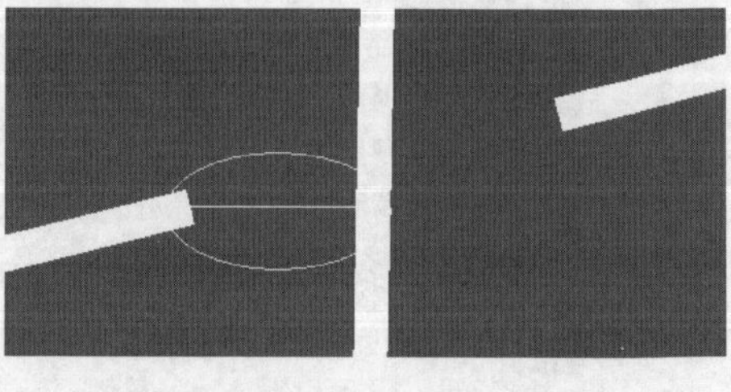

图 2-5　断线距离

【沿线断线距离】：勾选该项，断线距离为沿线断线距离的一半，如图 2-6 所示。

【沿墙距离】：针对平面布线—沿墙布线功能的，在此设置线与墙之间的距离，使用命令时，线缆会自动按照距离进行沿墙布置。沿墙距离可以设置为负值，相当于线缆布置在墙内或者墙的另一侧。

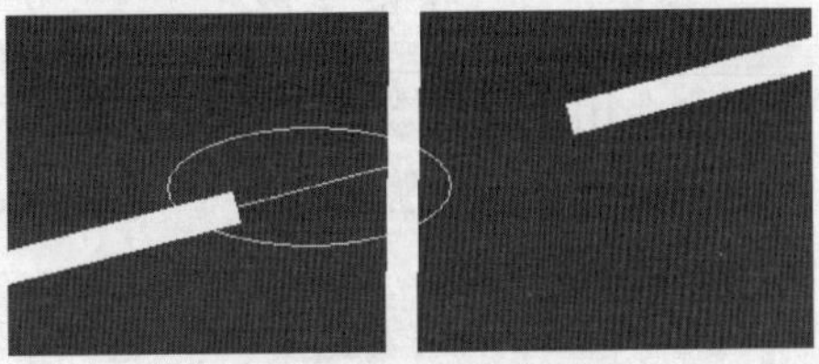

图 2-6　沿线断线距离

设备参数设定主要包含以下选项：

【替换后赋值】：此设置只对“设备替换”这一个布置命令有用，可以在这里先设定好是否在设备替换后直接对设备进行赋值，如是，设备替换完之后，设备赋值对话框会自动弹出来，让其对设备进行赋值；如否，设备替换完之后，设备不进行赋值。

【替换后尺寸不变】：图块参数比例变化后，使用“设备替换”命令，替换后的设备尺寸保持不变。

【赋值后修改颜色】：勾选，则赋值后颜色可根据选择修改，不勾选，赋值后图例颜色不变。

【沿墙距离】：设备图例的底部距离墙线的距离，单位为实际尺寸（mm），输入沿墙距离后，会对平面布置沿墙布置和插座穿墙命令有用。沿墙距离可以设置为负值，相当于设备布置在墙内或者墙的另一侧。

注：当用户在布置配电箱时，如配电箱要布置到墙内，可以此设置沿墙距离为−200mm，即当用户用沿墙命令布置的时候，配电箱会自动布置到墙内 200mm 的距离。

【单线显示】：勾选后，设备图块全部不显示线宽。

【入库参考尺寸】：自定义的设备图块入库，一般控制不好大小，勾选后，在入库时软件命令行会提示：

请选择参考设备（布置时设备宽度尺寸与参考设备一致）〈取消〉：

在图中选择一个可参考尺寸的设备，新图块会按照参考设备尺寸入库。

【属性文字设置】－【文字样式】设置设备属性文字的样式。

【属性文字设置】－【宽高比】设置设备属性文字的宽高比。

【属性文字设置】－【旋转属性文字】勾选后，设备图块和线缆中的属性字，其角度会随着图块和线缆的改变而改变。若不选中，则设备图块和线缆中的属性字方向始终为正。

【属性文字设置】－【按派生符号分类】勾选后，部分设备编辑功能及设备赋值、标注及统计，按照派生符号分类处理。

设备属性字设置如图 2-7 所示。

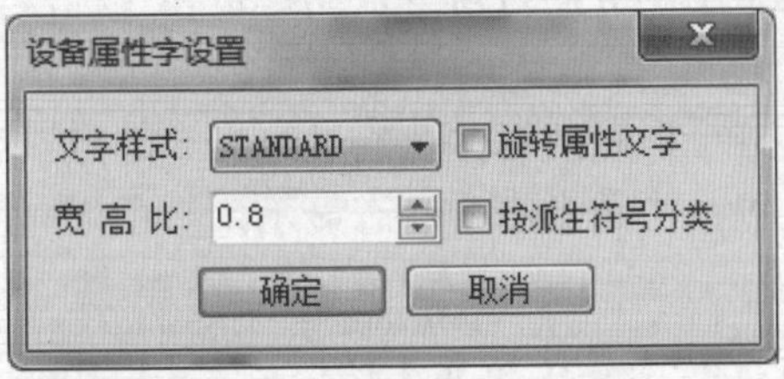

图 2-7　设备属性字设置

2. 设备标注形式定义

该命令用于设置新的设备标注形式，修改已有的标注形式。

菜单位置：【设置帮助】→【系统设置】→【平面设计】→【标注设置】，对话框如图2-8所示。

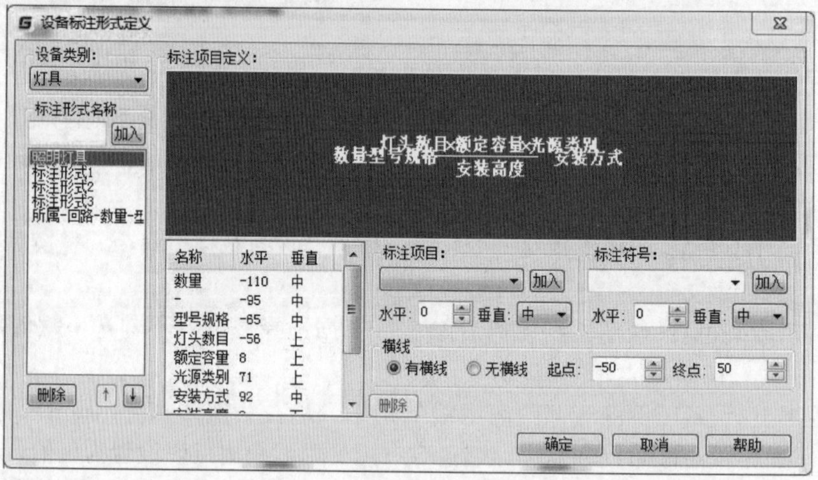

图2-8 “设备标注形式定义”对话框

【设备类别】：标注形式是按设备类别来定义的，每类设备可以定义多种标注形式，以后直接调用设备标注功能，可以自动按照设备的种类和标注定义的形式，提取设备赋值的信息，自动绘制在图纸上。

【标注形式名称】：输入名称，如“灯具标注－浩辰”，单击【加入】按钮，即可新建一个新的标注形式；选择“↑”或“↓”，可以调整选中标注形式在列表中的位置。选择了某种标注形式以后，这种形式的示意就会在图形区中实时地显示出来。

【标注项目定义】：显示当前标注形式包含的标注项目的名称、水平位置、垂直位置等，并在右侧幻灯区直观显示出来。选择列表中的项目，在下面的【标注项目】栏中，输入“水平”坐标和选择“垂直”位置，可以确定标注项目的位置。

【标注项目】：从下拉列表中可以选取要标注的内容，点击【加入】按钮，即可加入上面的标注项目定义列表中，并在右侧幻灯中实时地显示出来。

注：如果下拉列表中没有需要的项目，可以通过平面图库管理，即对此类设备定义新的“技术参数”，具体操作详见图库的有关说明。

【标注符号】：指标注文字中的分割符号等，同样也在【标注项目定义】中列出，操作方法同【标注项目】。

【横线】：定义有分子、分母形式的标注，通过定义“起点”和“终点”坐标来定义横线的长短，调整分隔线终点位置，在示意图中动态显示。（相应的标注内容，在垂直选项中应选择“上”或“下”）

3. 定义线缆的绘制样式、技术参数和标注样式

【设置帮助】→【系统设置】→【平面设计】→【线缆设置】，出现“线缆设置”对话框。对话框有三个选项卡：绘制样式、技术参数、标注样式，如图2-9～图2-11所示。

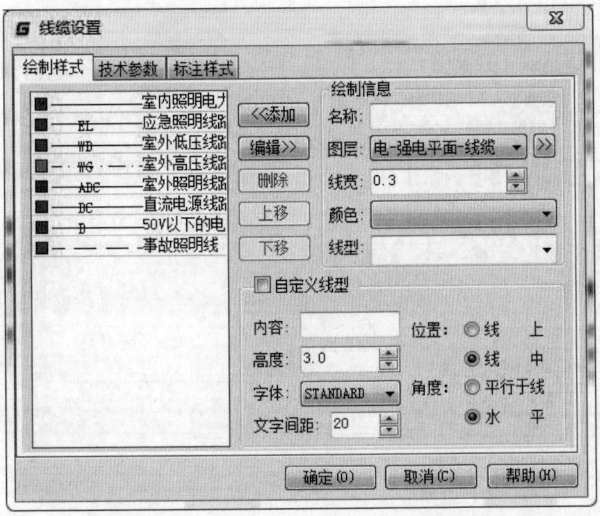

图 2-9　“线缆设置”对话框“绘制样式”选项卡

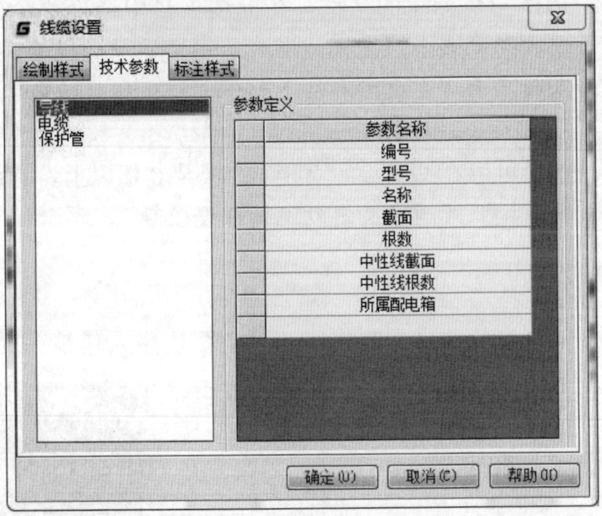

图 2-10　“线缆设置”对话框“技术参数”选项卡图

（1）绘制样式。在左侧线型列表中双击已经定义好的线缆，在右边的框格中对各相参数进行编辑，然后单击【添加】按钮，可以覆盖原来的定义，也可输入新的名称和线缆的各项参数，点击【添加】按钮，定义新的线型。

注：各种线型的绘制图层可以定义在同一个图层上，线宽为图纸尺寸，单位为毫米。

（2）技术参数。在右侧的“参数定义”栏中可以添加新的参数名称，单击【确定】可以保存修改的技术参数。定义的这些参数，在线缆赋值时列出，完成赋值后，在统计时可以自动统计汇总。

（3）标注样式。可以在此定义线缆的标注形式：

【标注类型选择】：分为导线、线缆、桥架三类，首先点选要定义标注类型的种类。

【标注形式名称】：输入新的标注名称，单击【新建】，加入标注形式名称列表。

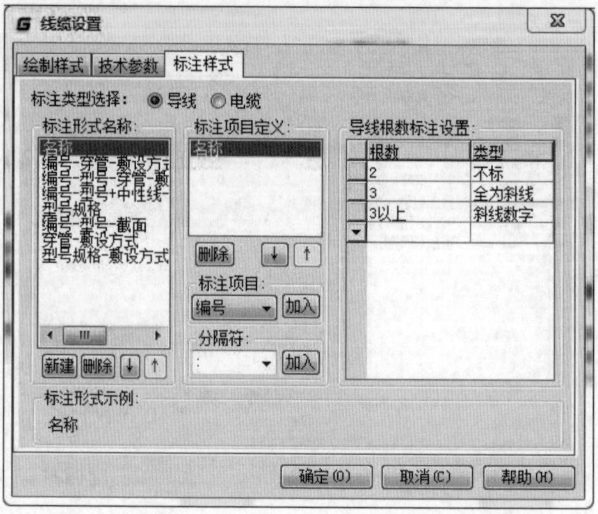

图2-11　“线缆设置”对话框“标注样式”选项卡

【标注项目定义】：选择一个标注的名称，在标注项目中选择一个标注项目或一个分割符，单击【加入】加入上面的列表中。在标注形式示例中显示标注的实际式样。

注：标注项目的输入顺序为从左向右和从上到下，标注项目的内容为线缆设置中技术参数定义的内容。

【导线根数标注设置】：可以在这里设置2根、3根及3根以上，导线根数标注的形式。

注：线缆统计时，默认按照此项定义自动统计线缆长度。

2.1.2　在平面中布置设备

在平面中布置设备就是将一些事先制作好的设备图块插入建筑平面图中。通常CAD电气软件会提供操作简单且内容丰富的图库管理系统，还支持将自定义的图块添加到图库管理系统中。

1. 房间均布

选择矩形区域或多边形区域，然后输入在该区域内所需布置设备的行列数，能够自动根据该区域形状均匀布置设备。

单击【平面设计】→【强电平面】→【设备布置】，弹出如图2-12所示的对话框，先选择所需布置的设备图块，如“双管荧光灯”，再选择“房间均布”，弹出如图2-13所示的对话框。

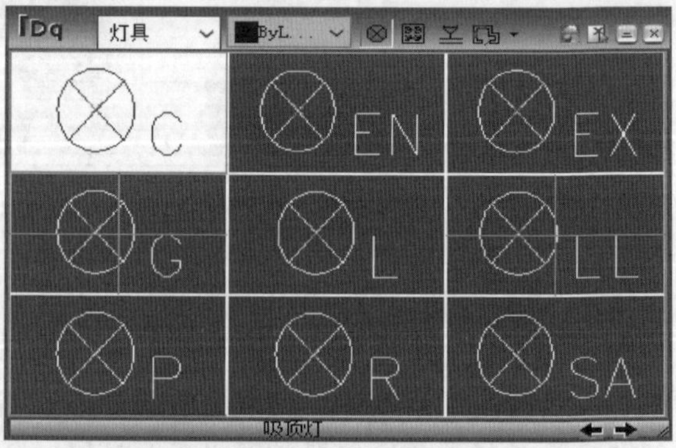

图2-12　“设备布置”对话框

根据命令行提示选择所要布置灯具的房间，单击矩形房间的左上角点和右下角点，即可完成灯具布置。布置的方案可通过对图2-13中的“行数”和“列数”调整来确定，例如选择“行数”为2，“列数”为1，布灯后的效果如图2-14所示。

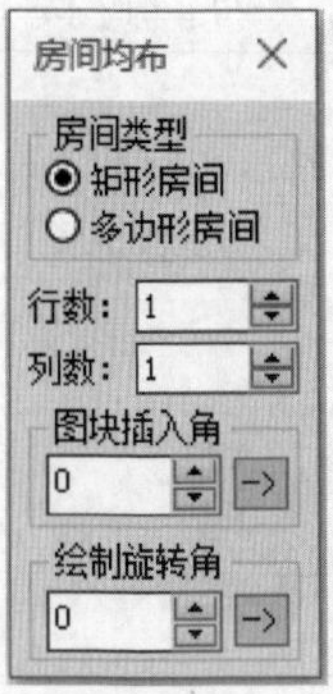

图 2-13　“房间均布”对话框

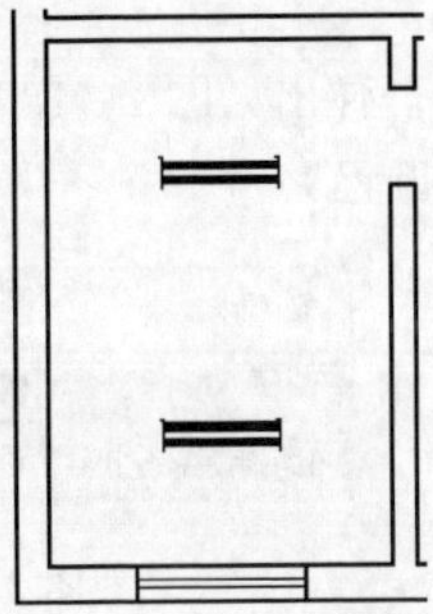

图 2-14　“房间均布”双管荧光灯的示例

2. 行列布置（窗口拖动）

该命令通过设置行数、列数、边距比、旋转角、图块插入角、错位方式和连线方式等在窗口拖动的区域内布置设备。

在【设备布置】对话框中选择设备图块，如“双管荧光灯”，在选择“行列布置（窗口拖动）”，如图 2-15 所示。弹出“行列布置（窗口拖动）”对话框，如图 2-16 所示。

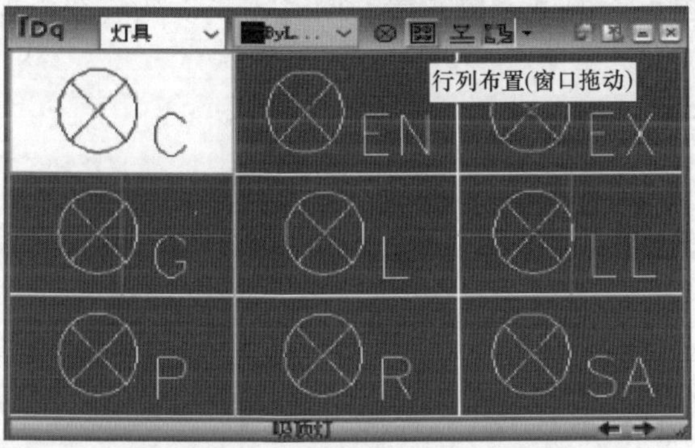

图 2-15　“设备布置”对话框

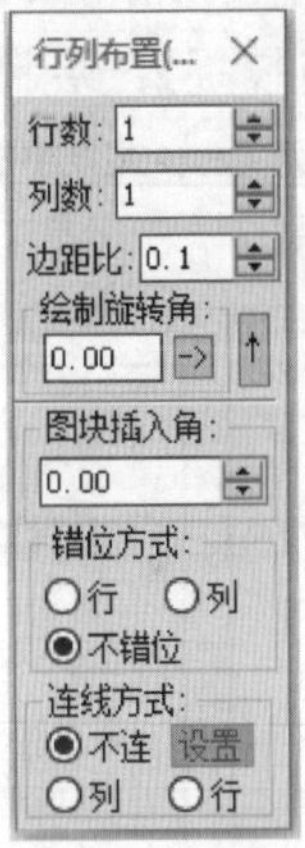

图 2-16　“行列布置（窗口拖动）”对话框

【边距比】：设备之间的距离和设备到布置区域边界的距离之比，可以随意输入，不能为负值。

【绘制旋转角】：布置区域边界线与 X 轴的夹角，即布置区域可以是倾斜的矩形区域。

【图块插入角】：设备符号与 X 轴的夹角。

【错位方式】：设备符号沿着行或列的方向错位，如图 2-17 所示。

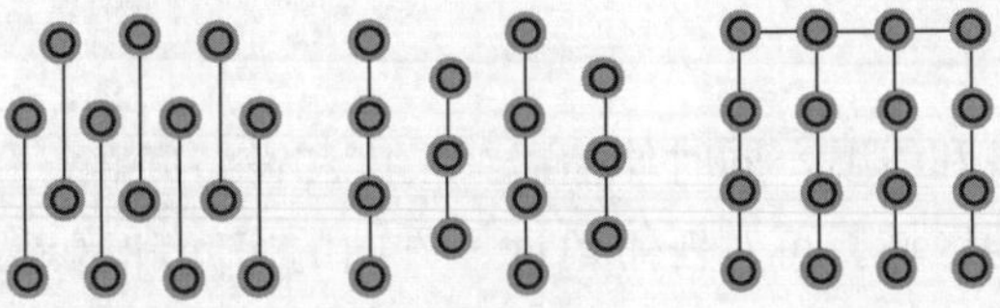

图 2-17　错位方式的示例

【连线方式】：设备之间连接导线的方式。可以选择行向、列向连接导线，或不连导线。

单击设置按钮，弹出如图 2-18 所示的对话框，在此选择线缆，设置是否跨接设备，是否断线（断它或者断己）。

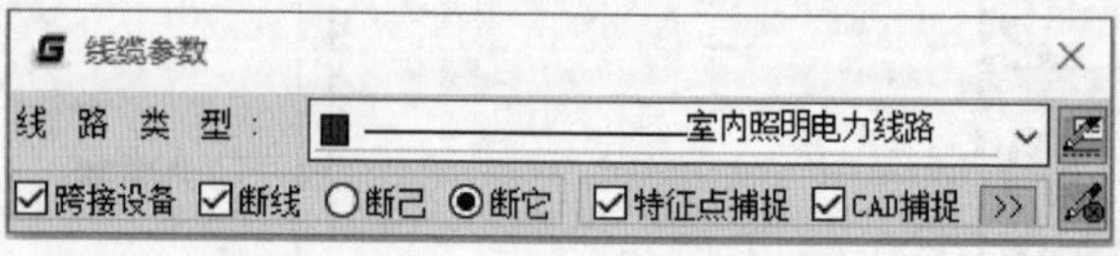

图 2-18 “线缆参数”对话框

单击【】按钮，即可进入线缆设置对话框，具体用法见【强电平面】→【平面设置】→【平面线缆设置】。

单击【】按钮，即可进入平面设置对话框，具体用法见【强电平面】→【平面设置】→【平面设置】。

【跨接设备】：导线越过设备，但不连接，导线自动断开，断开距离可设置。

【断线】：导线跨越其他导线，相交处断开；断它，表示相交的其他导线断开；断己，表示本次绘制的导线断开，相交的其他导线不断。

【特征点捕捉】：绘制导线时，可以选择特征点捕捉或选择 CAD 捕捉。

选择下方矩形大房间的左上角点和右下角点，即可完成布置，同时完成设备连线，如图 2-19所示。

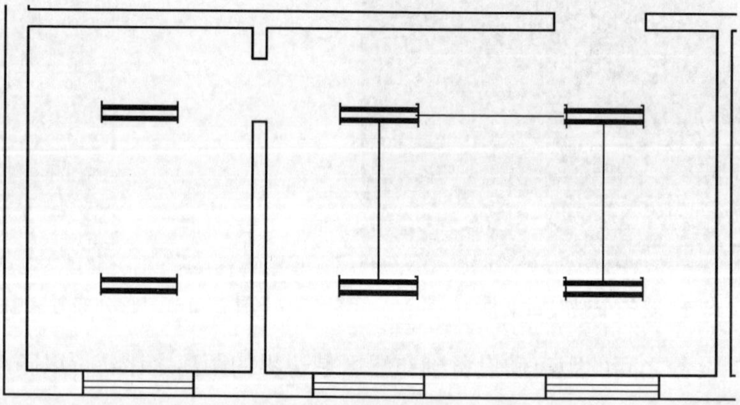

图 2-19 行列布置（窗口拖动）的示例

其他房间的灯具布置可以采用上述方法进行布置，也可以采用设备编辑的方式来进行布置，通过对建筑平面图的分析得出，其他房间与已经布置设备的房间是相同的。

3. 房间复制

该命令可以复制设备和线缆，同时伸缩线缆长度和设备间距，用于大小不同但设备和线缆布置相同的房间或其他区域。可对任何角度、方向的房间和区域进行复制。房间复制后，线缆的长度和设备间距成比例伸缩，但设备的大小和相对位置不会变化。

选择【平面设计】→【强电平面】→【房间复制】后，根据命令行提示选择作为原型的房间（先点左上角作为选择区域的第一点，再选择右下角作为选择区域的第二点），弹出如图 2-20 所示的“复制模式选择”对话框。

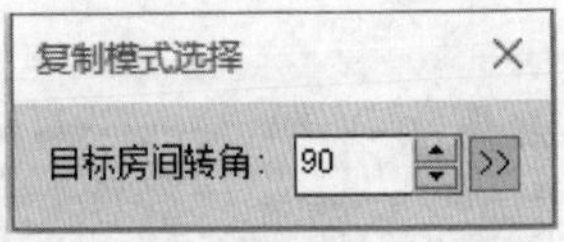

图 2-20 “复制模式选择”对话框

再根据命令行提示选择目标房间（点房间的左上角点和右下角点）即可完成布置，房间复制示例（一）如图 2-21（a）和图 2-21（b）所示。采用相同的方法，可以完成其他房间灯具的布置，房间复制示例（二）如图 2-22 所示。

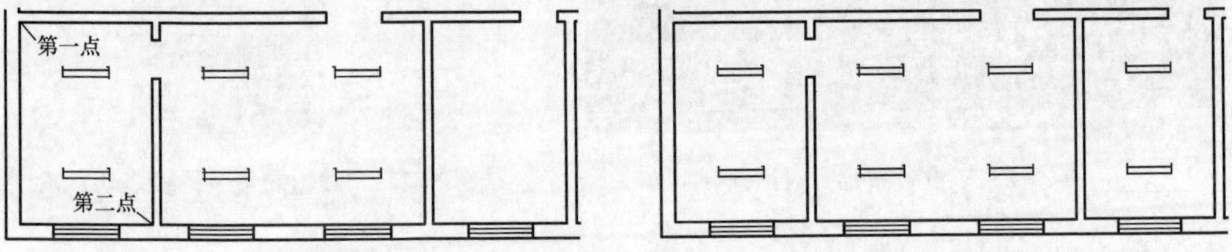

(a)　　(b)

图 2-21 房间复制示例（一）

（a）复制前；（b）复制后

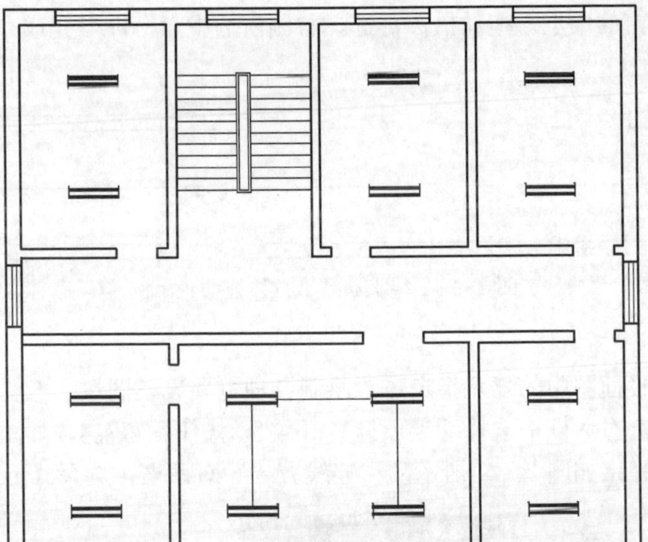

图 2-22 房间复制示例（二）

4. 线上布置（拉线拖动）

该命令可以拖动绘制一根假想直线，设备图块布置在直线上。

在【设备布置】对话框中选择【吸顶灯】，再选择【线上布置（拉线拖动）】，如图 2-23 所示。弹出【线上布置（拉线拖动）】对话框，如图 2-24 所示。

【数量布置】：用来确定设备的数量，根据拉线的长短自动调整设备间距，保证设备均匀布置。

图 2-23 “设备布置”对话框

图 2-24 “线上布置（拉线拖动）”对话框

【边距比】：用来设置第一个设备和假想线端点的距离和设备间距离的比值。

【对齐布置】：设定间距，在拉线上每隔一个间距布置一个设备。

【相对角度】：如果选中，设备的角度保持平行于线的角度改变；如未选中则设备角度始终为 0°。

选择走廊左侧窗的中点，拖动鼠标再选择右侧窗的中点，即可完成布置，线上布置示例如图 2-25 所示。

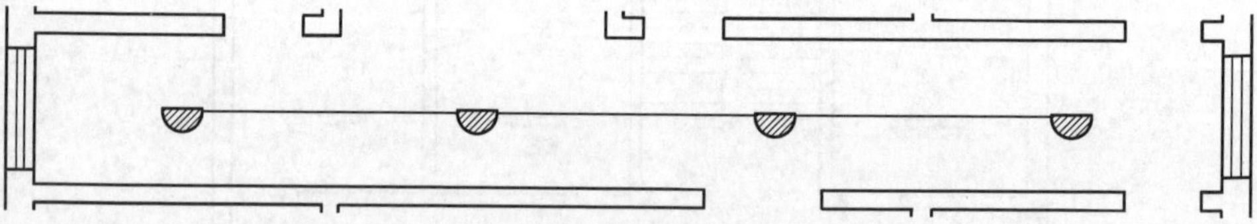

图 2-25 线上布置（拉线拖动）示例

5. 任意布置

该命令可以在平面图中的任意指定位置绘制各种电气设备图块。

在【设备布置】对话框中选择【吸顶灯】，再选择【任意布置】，如图 2-26 所示。

执行此操作，弹出如图 2-27 所示的“连线方式”对话框，选择【不连】。

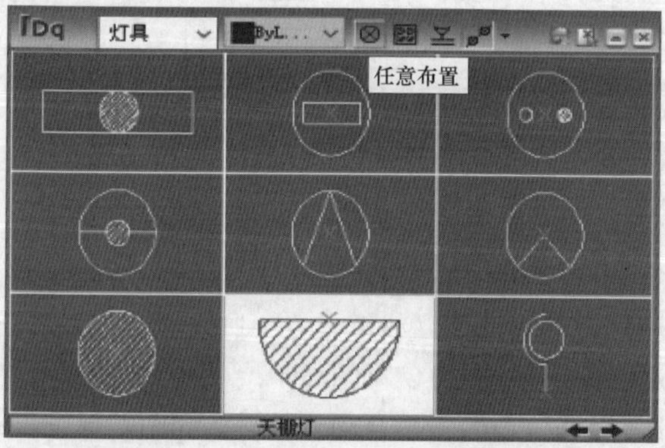

图 2-26 “设备布置”对话框

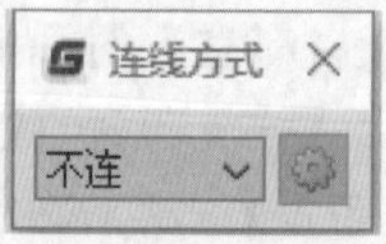

图 2-27 “连线方式”对话框

屏幕提示：

任意布置=PM_Rybz

点取位置或[转 90°(A)/上下翻转(E)/左右翻转(D)/转角(Z)/沿线(F)/放大(Q)/缩小(W)/回退(U)]<退出>：

可以直接单击布置点，如图 2-28 所示。

(1) 输入“A”，设备旋转 90°(可连续旋转)。

(2) 输入“D”，设备左右翻转。

(3) 输入“Z”，在图面移动鼠标可将设备旋转至任何角度(也可直接输入角度)。

(4) 输入“F”，在图中选择直线或圆，即可在该直线(或直线的延长线)或圆上精确布置设备。

(5) 输入“Q”，设备放大。

(6) 输入“W”，设备缩小。

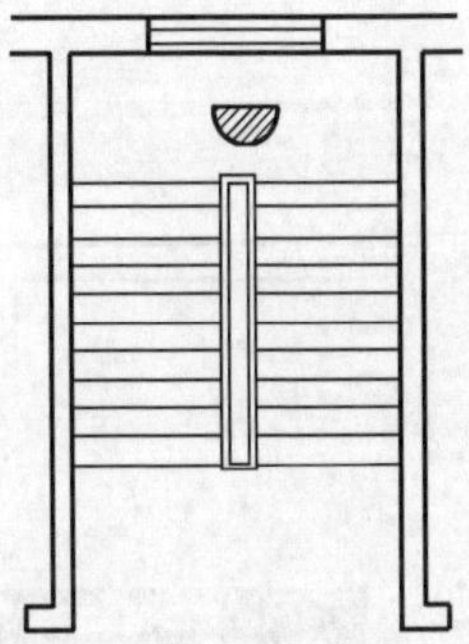

图 2-28　连线方式的示例

6. 开关布置

该命令用于布置开关，自动找到墙线的最近一端，并距该端一定距离沿墙布置开关，该距离可在图 2-29 所示的对话框中设置。在布置多个开关时可选择是否连线。

在【设备布置】对话框中选择【开关】下的【暗装双极开关】，如图 2-29 所示。再选择【开关布置】，弹出如图 2-30 所示的对话框。

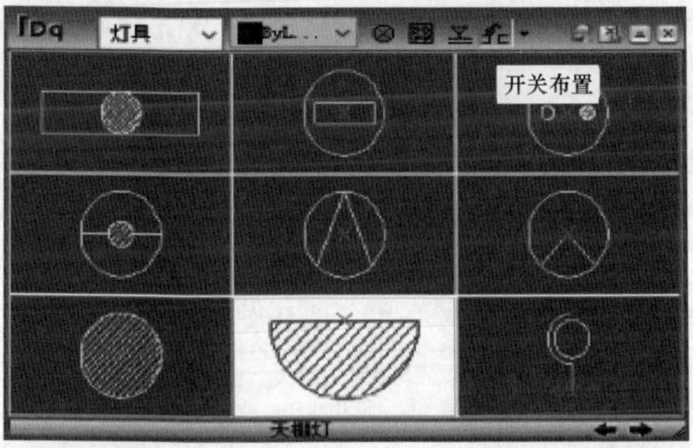

图 2-29　“设备布置”对话框

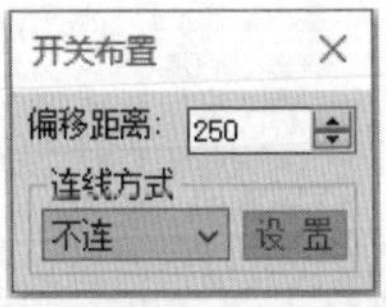

图 2-30　“开关布置”对话框

【偏移距离】：开关与墙线最近一端的距离。

选择墙线的端点后，开关会自动偏移设置的距离，晃动鼠标可以切换开关方向，效果如图 2-31 所示。

7. 沿墙布置

该命令可以方便地沿一墙线布置设备，自动判断设备方向。

选择【设备布置】下的【单极限时开关】，如图 2-32 所示。

再选择【沿墙布置】，弹出如图 2-33 所示的对话框。选择走廊的墙线布置开关，然后选择楼梯墙线布置开关，效果如图 2-34 所示。

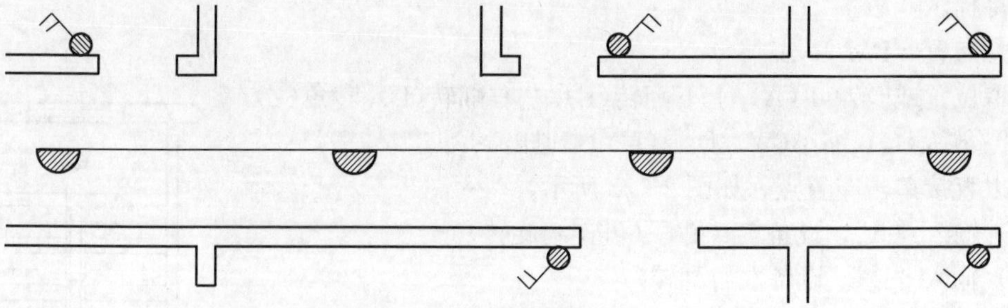

图 2-31 开关布置的示例

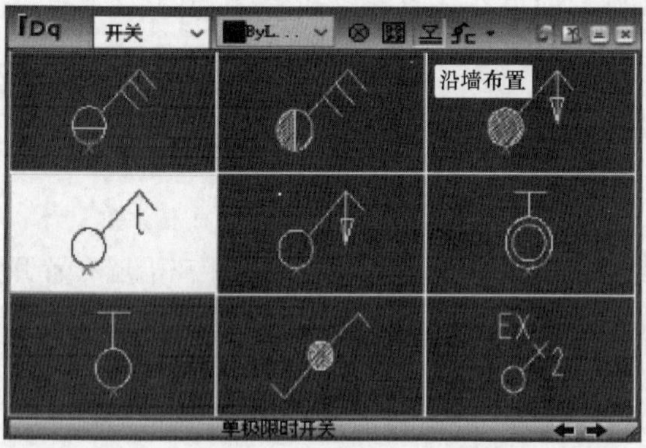

图 2-32 “设备布置”对话框

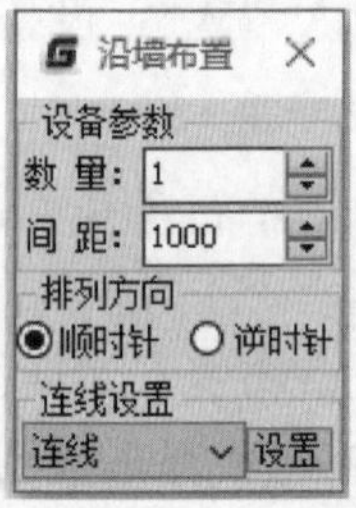

图 2-33 “沿墙布置”对话框

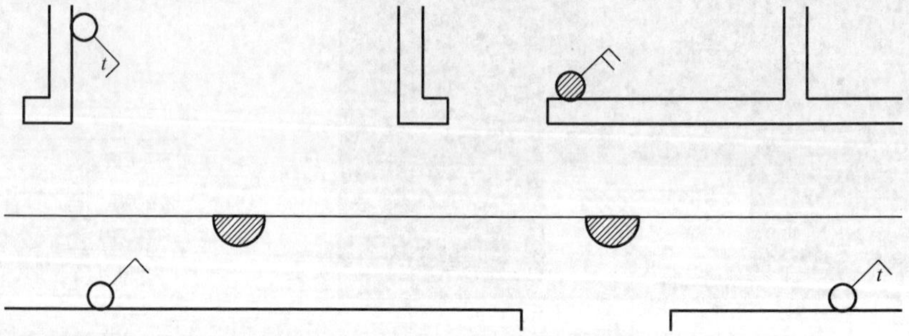

图 2-34 沿墙布置开关的示例

采用相同的方法布置配电箱。选择【设备布置】下的【照明配电箱】，再选择【沿墙布置】，选择墙线，即可完成布置，如图 2-35 所示。

8. 插座穿墙

该命令在您指定的两点连线与墙线的交点处插入设备，可以设置在墙的单侧或双侧布置，并可自动连线。

选择【设备布置】下的【暗装单相插座】，如图 2-36 所示。再选择【插座穿墙】，弹出如图 2-37 所示对话框。

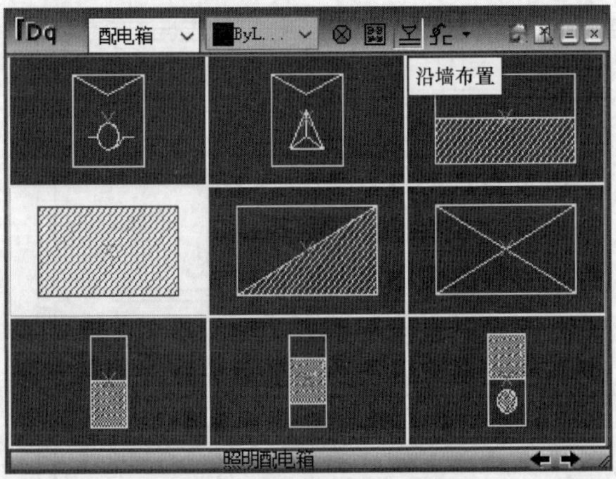

图 2 - 35　配电箱布置的示例

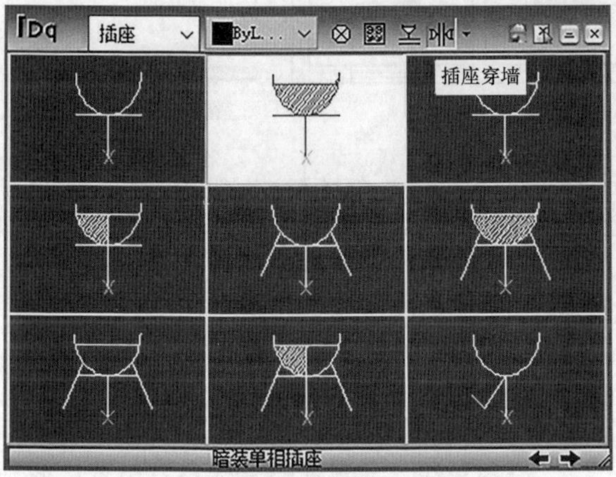

图 2 - 36　“设备布置”对话框

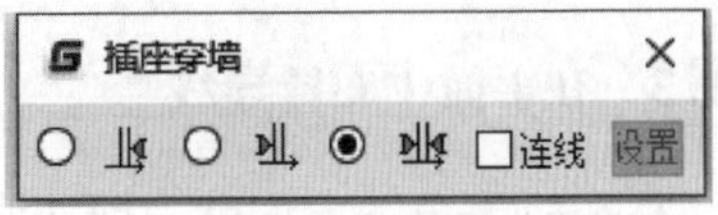

图 2 - 37　“插座穿墙”对话框

执行此操作，选择第一点和第二点，将生成如图 2 - 38 中下方所示的插座。完成对上述设备进行布置后的效果，如图 2 - 39 所示。

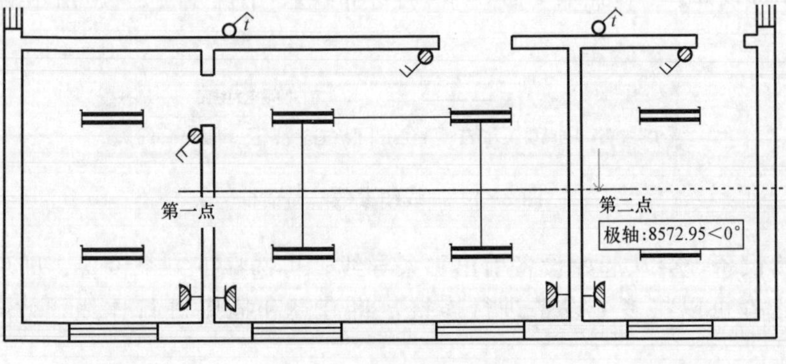

图 2 - 38　插座穿墙的示例

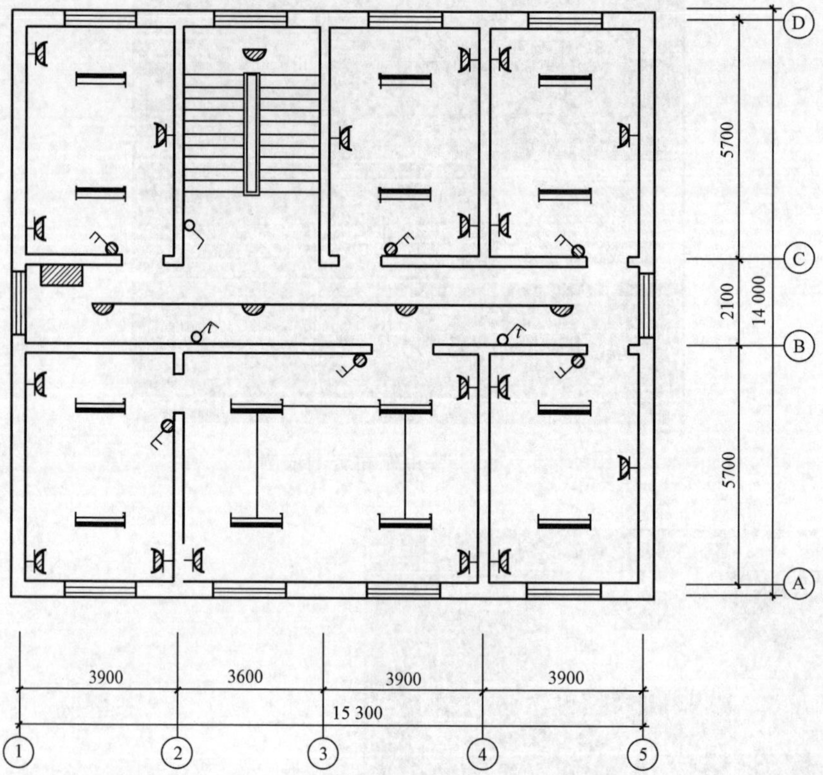

图 2-39　设备布置完成后的示例（单位：mm）

2.1.3　在平面中布置导线

在平面中布置导线是一项非常重要的工作。绘制导线之前需要对导线进行设置，此项工作已经在【平面设计参数设置】中讲过，这里就不再赘述。

1. 连续布线

该命令以连续输入布置点的布线方式，绘制连续的导线。

单击【平面设计】→【强电平面】→【连续布线】，出现如图 2-40 所示的对话框。

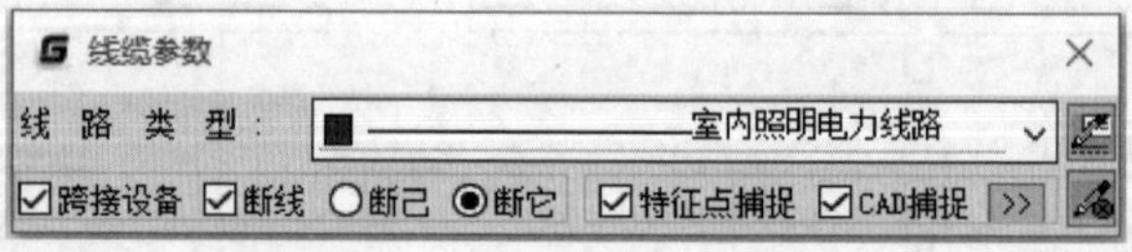

图 2-40 “线缆参数”对话框

选择起始设备，会从起始设备引出一条导线，再选择下一个设备，即可将两个设备连接，依次选择可以将多个设备进行连接，将灯具和插座进行连线，效果如图 2-41 所示。

2. 开关连线

该命令按最近原则，开关和灯具自动连接。

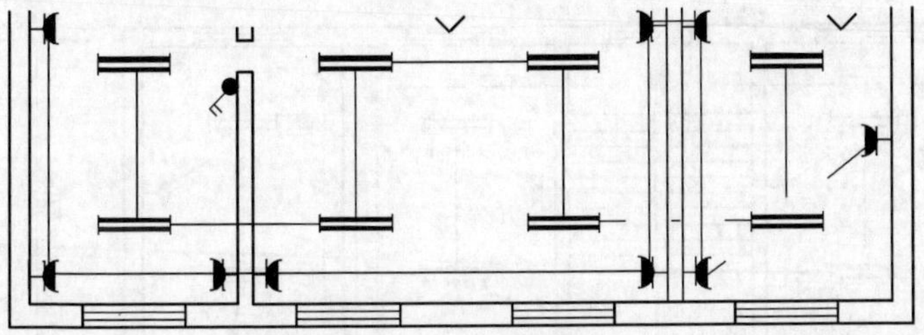

图 2-41　连续布线的示例

单击【强电平面】→【其他布线】→【开关连线】，框选设备后，开关与最近的灯具相连。如果几个开关同时与一个灯具最近，那这几个开关就同时与这个灯具相连，这种情况下，可以用编辑功能修改。完成后效果如图 2-42 所示。

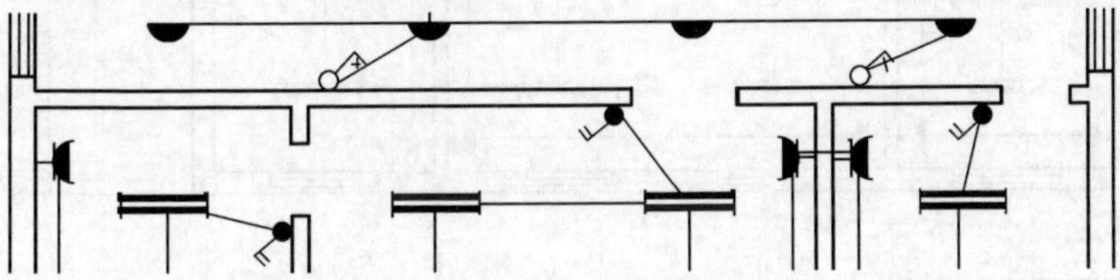

图 2-42　开关连线的示例

3. 配电连线

该命令从配电箱（盘）逐条引出导线，布置到灯具等设备上。

单击【强电平面】→【其他布线】→【配电连线】，在屏幕上弹出如图 2-43 所示的对话框，其中距离值为图上尺寸（单位：mm），可单击一个配电箱，然后拖动鼠标，上下移动选择不同回路，如图 2-44 所示。

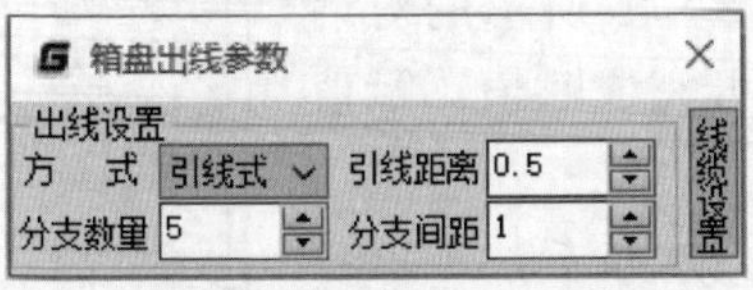

图 2-43　“箱盘出线参数”对话框

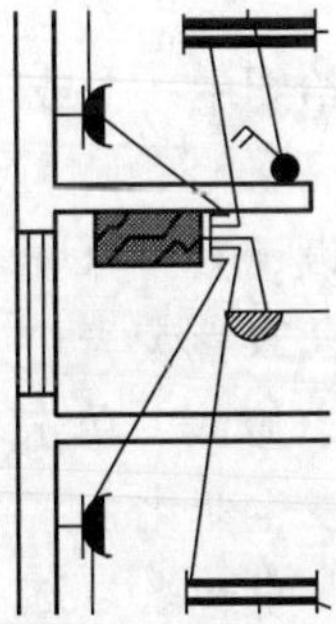

图 2-44　配电连线的示例

完成对上述设备进行连线后的效果，如图 2-45 所示。

2.1.4　在平面中进行标注

设备标注是一项非常重要的工作，在绘图平面图时需要对图中的导线、设备进行标注，即标上其型号、规格和数量等相关信息。但在进行设备布置时没有赋予这些属性，可以通过【单个赋值】【批量赋值】【设备标注】命令，对设备赋予属性。只有赋值后的

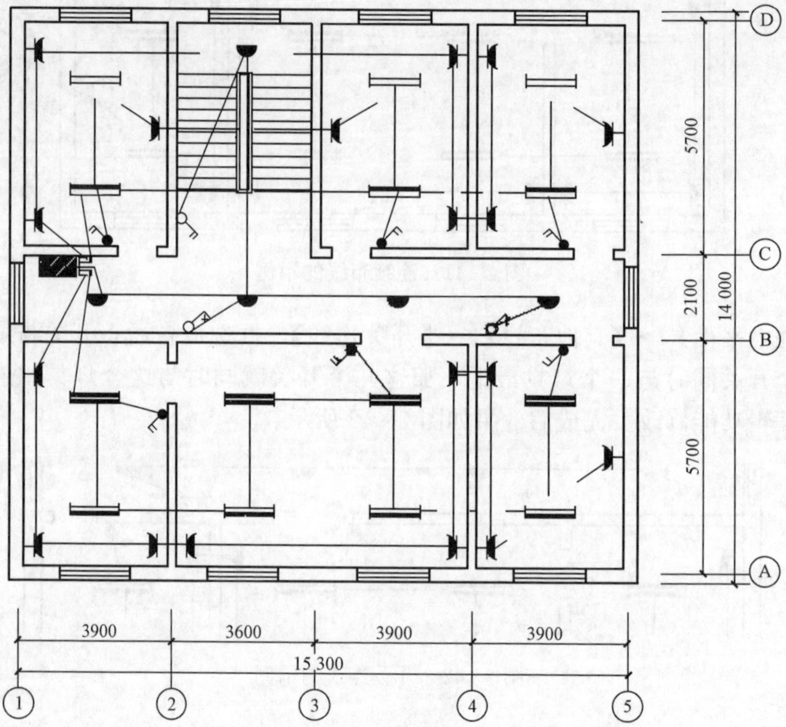

图 2-45　设备连线完成后的示例（单位：mm）

设备才可以识别类别，属性信息（型号、规格和数量等），才可以自动统计汇总到材料表中。

软件提供了设备赋值和线缆赋值功能，其中设备赋值又包括单个赋值、批量赋值。

1. 单个赋值

该命令用于给图中一个或一类设备型号、规格和数量等属性信息赋值。

单击【平面设计】→【强电平面】→【单个赋值】，选择一个设备，例如“双管荧光灯”，弹出如图 2-46 所示的对话框，默认参数可以修改。单击“确定”，即可完成赋值，赋值后的设备颜色会发生变化。

注：在对话框中如果勾选【选择同类】，赋值后，可以按提示框选要赋值的平面上同样的设备。

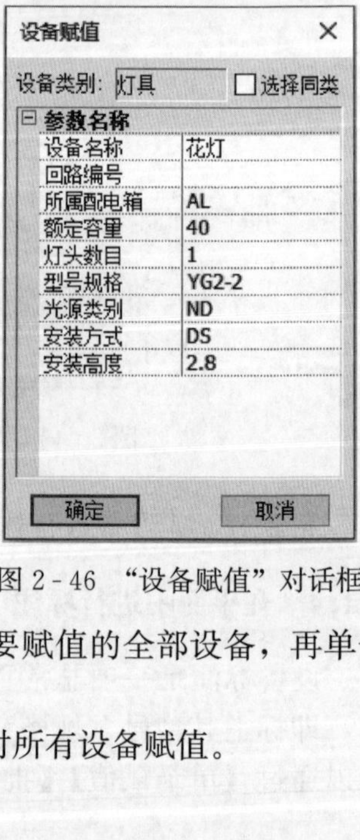

图 2-46　“设备赋值”对话框

2. 批量赋值

该命令用于给当前图中所有设备进行赋值（或重新赋值）。

单击【平面设计】→【强电平面】→【批量赋值】，框选需要赋值的全部设备，再单击鼠标右键或空格，将弹出如图 2-47 所示的对话框。

分类填写完对话框中所有参数后，单击【赋值】，即可完成对所有设备赋值。

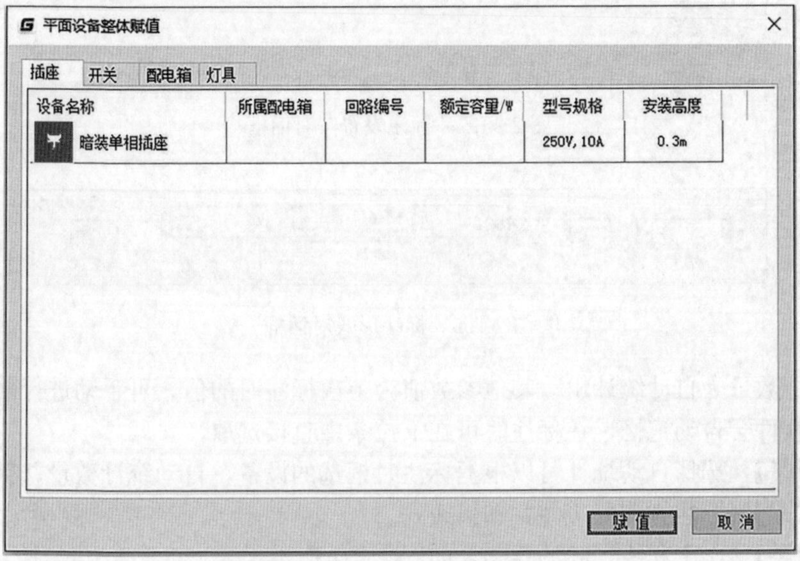

图 2-47 “平面设备整体赋值”对话框

注：如果图中同一图块已经被赋予了不同的参数信息，对话框中该设备的参数信息用红色表示，表示不能修改；右键点击该参数，文字颜色将被修改为黑色，可以修改参数值，结果图中该类图块被赋予同一种型号规格。

3. 线缆赋值

该命令用于对线缆进行赋值和检查，以便进行标注和统计材料表。

单击【平面设计】→【强电平面】→【线缆赋值】，弹出如图 2-48 所示的对话框。

首先选择“导线”，填写相关参数，然后选择需要赋值的导线，再单击鼠标右键或空格，即可完成赋值。赋值后，关闭对话框。

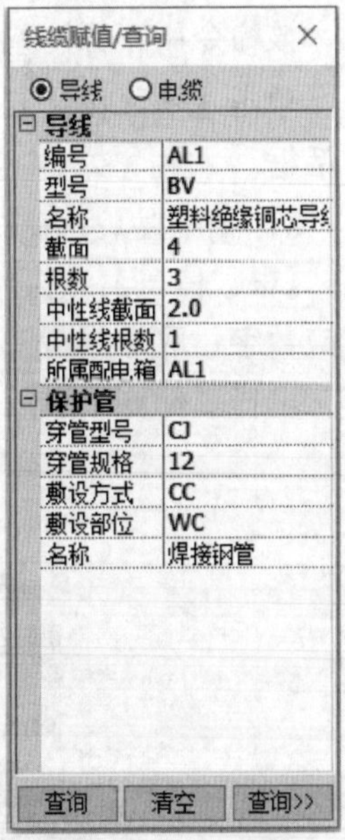

图 2-48 “线缆赋值/查询”对话框

4. 设备标注

该命令用于对设备进行自动标注。

单击【平面设计】→【强电平面】→【设备标注】，框选图面需标注部分，右键确认后弹出如图 2-49 所示的对话框（当前标注设备显红色）。

从左至右依次为：

【标注字高】：标注文字的高度，单位为 mm。

【标注角度】：标注文字的角度，可选 0°或 90°，即对应的横标和竖标。

【标注形式】：选择一种标注形式，如图 2-50 所示的标注形式对话框跟随改变，标注形式定义见 2.1.1 中“设备标注形式定义”的相关说明。

该对话框中显示的即为当前所标注设备（图面红色设备）的标

图 2-49　“标注设置”对话框

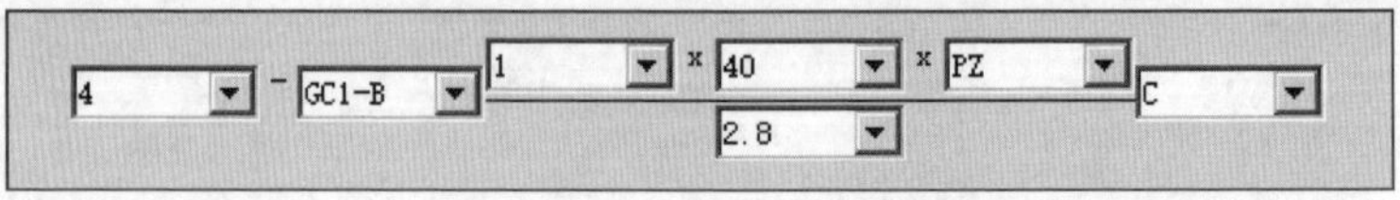

图 2-50　标注形式对话框

注信息，其中数量为自动统计出，其他参数值为上次标注时的值，可手动进行修改。对于输入过的值，软件会自动记忆，在标注时可在下拉条中直接选取。

【统计数量】：选择自动统计可以根据标注时框选的设备，自动统计数量并标出。

【标注方式】：标注方式分边注式和引线式。

【字线距离】：文字和线之间的距离，如图 2-51 所示。

注：在进行标注时，标注形式会根据设备类型自动切换，比如标“灯具”时，在下拉列表中只显示事先定义的灯具标注类型，标“开关”时，只显示开关的标注类型，可以通过下拉列表选择该类设备的标注形式。

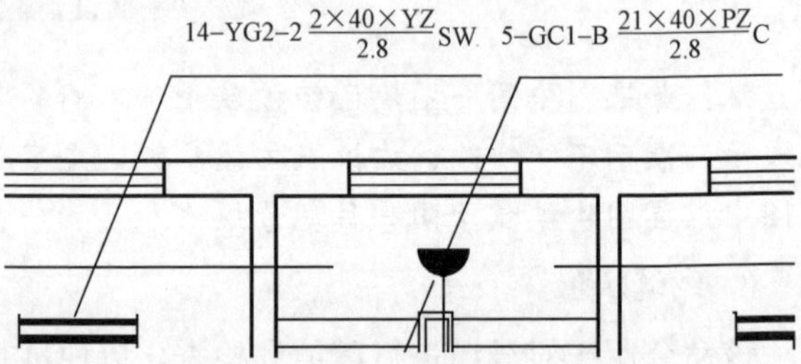

图 2-51　设备标注的示例

5. 根数标注

该命令用于标注或修改线缆的根数。

单击【平面设计】→【强电平面】→【根数标注】，出现如图 2-52 所示的“线缆根数”对话框。

【标注位置】：指线缆标注放置的位置。

【根数信息】：选择手动指定根数还是取导线赋值，选择手动指定根数需要在键盘中输入对应数字；取导线赋值将读取导线赋值时的参数。

选择要标注根数的导线，即可完成根数标注，如图 2-53 所示。

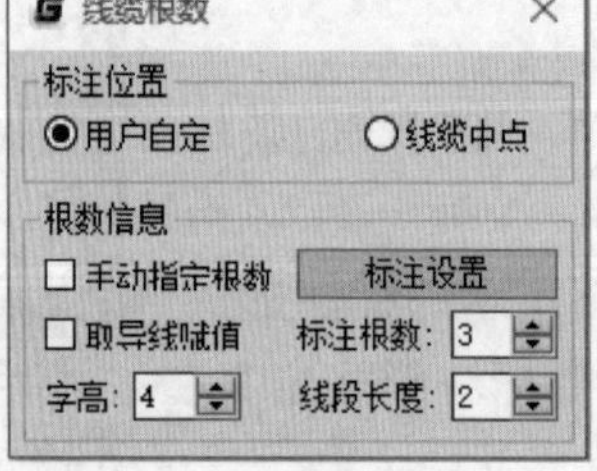

图 2-52　“线缆根数”对话框

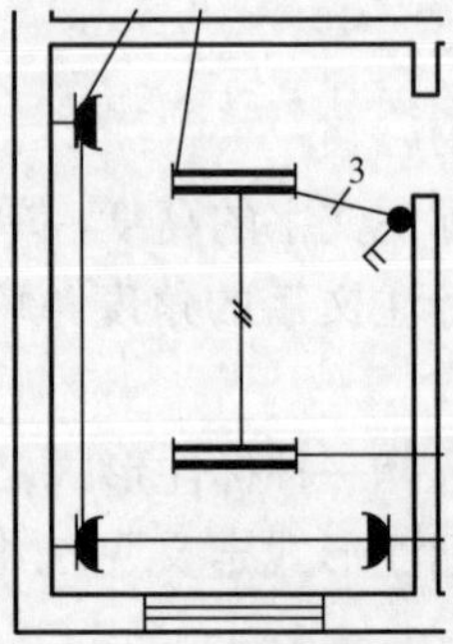

图 2-53　线缆根数设置后示例

注：对根数标注的表示形式可以在“线缆标注样式”功能中定义，参见 2.1.1 节。

6. 线缆标注

该命令用于对线缆进行标注。

单击【平面设计】→【强电平面】→【线缆标注】，弹出如图 2-54 所示的“标注设置”对话框。

标注形式可以在“线缆标注样式”功能中定义。当有中性线时，可选用标注形式：编号—型号—中性线—穿管—敷设方式。没有中性线或是中性线和相线同一截面时，可选用标注形式：编号—型号—穿管—敷设方式，如图 2-55 所示。

图 2-54 “标注设置”对话框

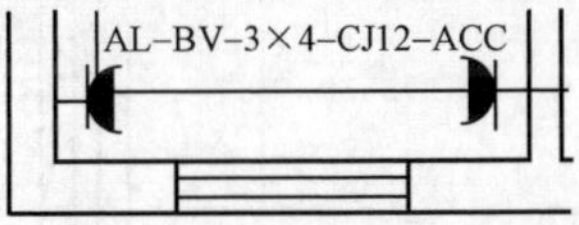

图 2-55 线缆标注的示例

7. 回路编号标注

该命令用于标注或修改线缆的回路编号。

单击【平面设计】→【强电平面】→【回路编号】，出现如图 2-56 所示“回路编号”的对话框。

点选线缆，即可以对线缆进行回路编号标注，点选下一根线缆，线缆编号会自动增加“1”(增量可自定义)。标注的示例，如图 2-57 所示。

注：在标注过程中若要切换标注，可直接在键盘输入。例如点选线缆后当前标注为 AL4，若想切换至 AL9，则只需在键盘输入 9，右键确定。再例如当前标注为 AL4，若想切换至 WL7，则在键盘输入 WL7 后，右键确定，即可切换至 WL7。

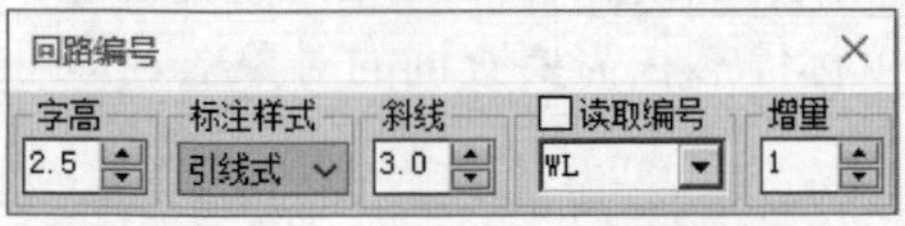

图 2-56 “回路编号”对话框

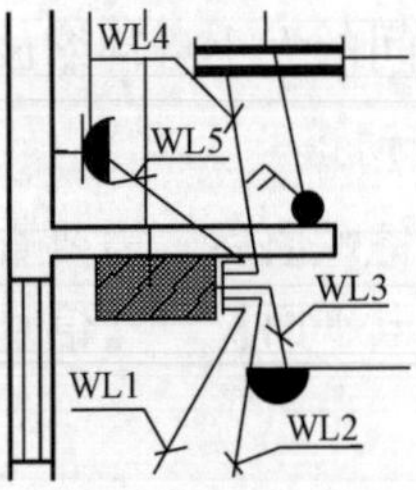

图 2-57 回路编号标注的示例

完成设备赋值和设备标注后的效果，如图 2-58 所示。

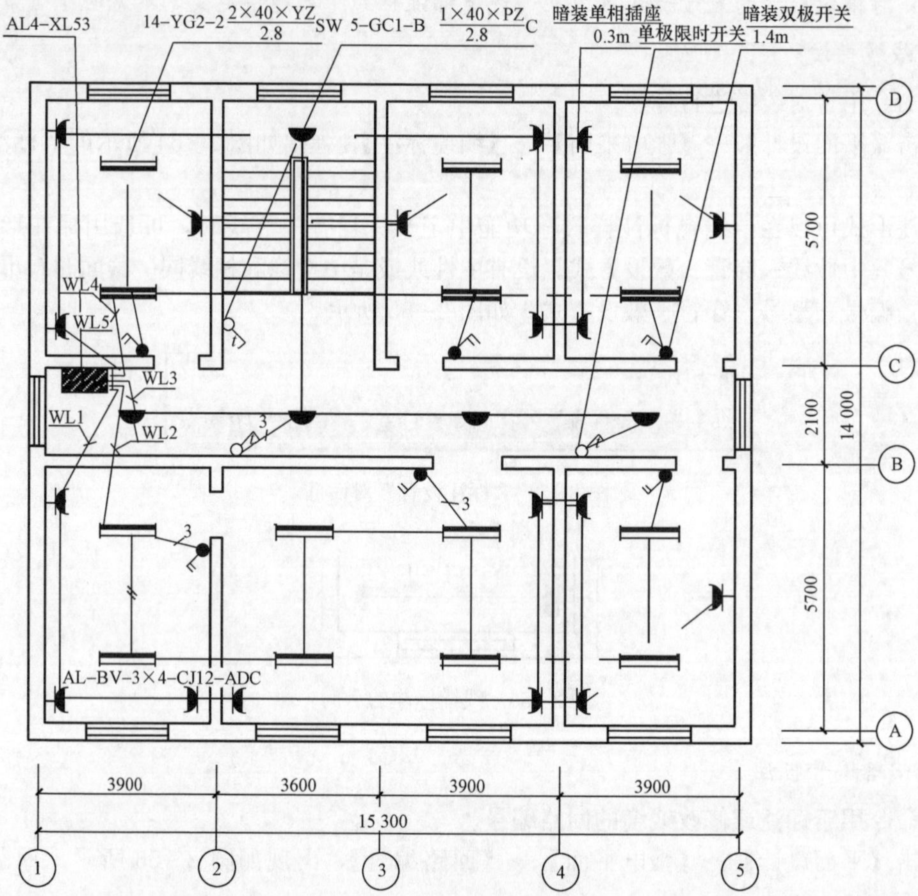

图 2-58 设备赋值和设备标注完成后的示例（单位：mm）

2.1.5 绘制平面图小技巧

1. 房间复制

房间复制的功能，除了复制灯具外，还可以复制开关、插座、配电箱、导线等对象，并且能够根据房间的大小自动缩放定位。类似的功能还有房间镜像。

2. 信息查询

当完成设备赋值后，需要查询个别设备的赋值信息，可以用信息查询功能。单击【平面设计】→【强电平面】→【信息查询】，将鼠标停靠在需要查询的对象上，即可显示该对象的赋值信息。

2.2 如何生成带图例的设备与材料统计表

设备与材料统计表就是用表格的形式列出平面中使用的所有图形符号或文字符号，还需要列出主要设备及其主要材料的规格、型号、数量及具体要求等内容，因此，快捷地绘制带图例的设备与材料统计表的方法可大大提高绘图效率。

注：生成带图例的设备与材料统计表的前提是平面中的设备已经赋值。

生成带有图例的设备与材料表的基本步骤如下：

（1）定义设备与材料统计表的样式。

（2）在平面图中统计设备数量并生成材料表。

（3）合并设备与材料统计表。

2.2.1　定义设备与材料统计表

该命令用于对设备表的格式、统计内容进行定义。

单击【平面设计】→【强电平面】→【设备表】→【设备表定义】，出现如图2-59所示的“设备表定义”对话框。

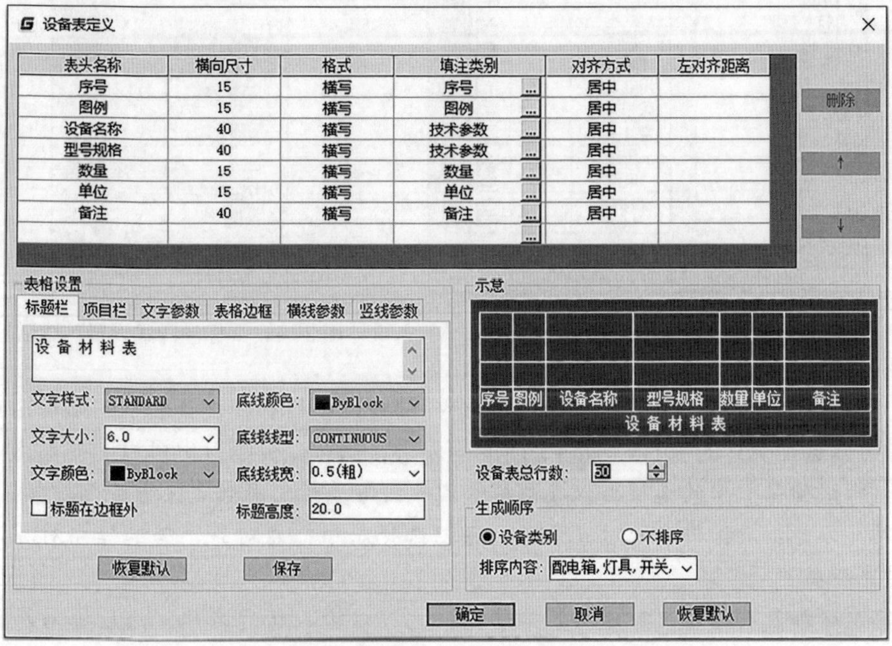

图2-59　“设备表定义”对话框（单位：mm）

1. 内容定义

可以设置设备表表头名称、横向尺寸、格式、填注类别、对齐方式，以及表格内容删除、移动，如图2-59所示。

表头名称：可以通过下拉框选择已有表头名称，也可以手动输入，表头名称即生成的材料表的项目栏名称。

横向尺寸：定义各项目栏表格的行宽。

格式：定义表格内容是横写还是竖写。

填注类别：填注类别是定义材料表各栏目的填写内容，设备的每一列都可以设置统计的内容

在［填注类别］中，可以选择该栏目的统计内容，点击右侧的按钮【...】进入如图2-60所示的“填注类别定义”的对话框。在左侧列表中显示了可以选择的类别，其中除［技术参

数］外的选项都有固定意义和统计规则，用户不能修改，设备的单位为“个”，线缆的单位为“米”。

（1）选择【技术参数】后，在右侧的列表框中显示了各类设备的统计项目，列表框显示了该项目对于各类设备导线的统计内容及相关格式设置，例如点击灯具右侧的按钮【...】，进入如图 2-61 所示的“标注样式设置”对话框。

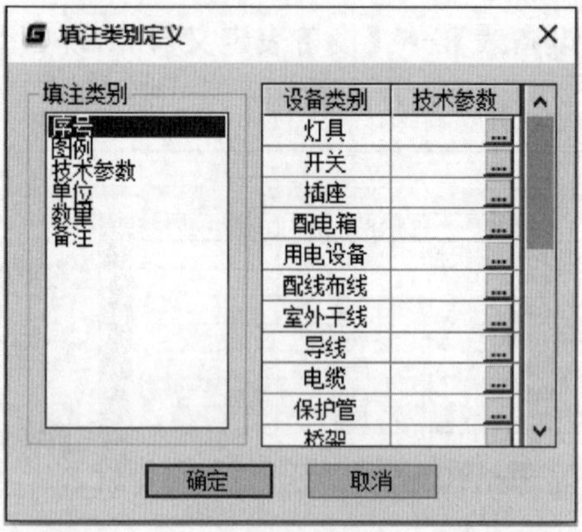

图 2-60 “填注类别定义”对话框

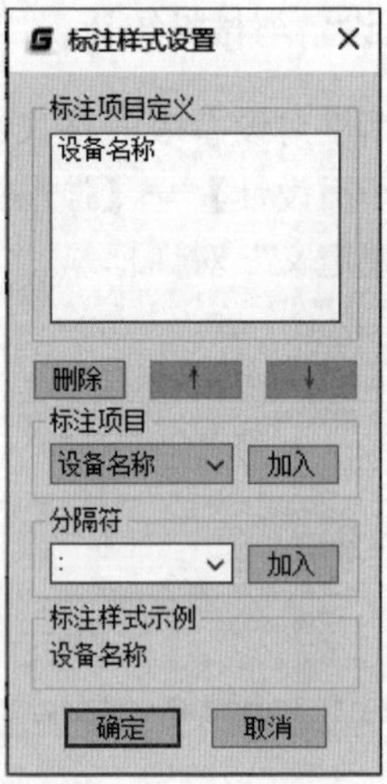

图 2-61 “标注样式设置”对话框

（2）在【标注项目定义】列表中显示了选择的统计项目和在设备表中的书写格式，在标注项目中可以选择统计的项目，加到上面的列表中，当然，分隔符也可以同样输入。

注：［标注项目］中的选项可以在图库管理—设备属性—参数定义中修改增加。

1）对齐方式：表格内容的对齐方式，可以选择居中、左对齐，若选择左对齐，还可以设置左对齐距离。

2）可以增加表头名称，可以从菜单选择，也可以输入新的名称。然后填写后面的横向尺寸、格式、填注类别、对齐方式、左对齐距离（如果选择居中，则不用选择该项目）。

3）删除：选中表格一行，点击“删除”，当前选择行被删除。

4）移动：选中表格一行，通过上下箭头，可以调整当前行的位置。

2. 表格设置

（1）标题栏：标题栏就是设备表名称，可以设置名称文字，文字样式、大小、颜色，底线颜色、线型、线宽，标题栏高度，以及标题是否在边框外。其中底线是指标题栏表格的底线，如图 2-62 所示的红线为标题栏底线。

（2）项目栏：项目栏为材料表的各项目表头，可以设置栏目高度，文字样式、大小、颜色，底线颜色、线型、线宽。其中底线是指项目栏表格的底线，如图 2-63 所示的红线为项目栏底线。

（3）文字参数：是指除标题栏、项目栏以外的表格内文字参数的设置。其中表格倒序是指勾选此项，生成的设备材料表倒序显示，如上图右就是倒序的材料表。

（4）表格边框：是指设备材料表的外边框，可以设置边框颜色、线型、线宽。

9		焊接钢管	$\phi12$	109.3	m	—
8		塑料绝缘铜芯导线	BV 2.0mm^2	87	m	—
7		塑料绝缘铜芯导线	BV 4mm^2	320.3	m	—
6		暗装单相插座	250V，10A	12	个	—
5		单极限时开关		4	个	—
4		暗装双极开关	250V，10A	6	个	—
3		天棚灯	GC1−B 1×40PZ	5	个	—
2		双管荧光灯	YG2−2 2×40YZ	14	个	—
1		照明配电箱	QWE300×350×120	1	个	—
序号	图例	设备名称	型号规格	数量	单位	备注
设备材料表						

标题栏

图 2 - 62　标题栏位置说明

9		焊接钢管	$\phi12$	109.3	m	—
8		塑料绝缘铜芯导线	BV 2.0mm^2	87	m	—
7		塑料绝缘铜芯导线	BV 4mm^2	320.3	m	—
6		暗装单相插座	250V，10A	12	个	—
5		单极限时开关		4	个	—
4		暗装双极开关	250V，10A	6	个	—
3		天棚灯	GC1−B 1×40PZ	5	个	—
2		双管荧光灯	YG2−2 2×40YZ	14	个	—
1		照明配电箱	QWE300×350×120	1	个	—
序号	图例	设备名称	型号规格	数量	单位	备注
设备材料表						

项目栏

图 2 - 63　项目栏位置说明

（5）横线参数：是指除表格边框、标题栏底线、项目栏底线以外的所有横线，可以设置颜色、线型、线宽、行高。

（6）竖线参数：是指除表格边框以外的所有竖线，可以设置颜色、线型、线宽。

（7）恢复默认：点击此按钮，表格设置恢复默认设置。

（8）保存：点击此按钮，保存当前的表格设置。

3. 表格生成顺序控制

可以控制设备表生成方式，在对话框的下部有相应的选项，其中【设备表总行数】定义，当总行数超过该值，设备表将分成两个表生成；【生成顺序】定义，可以设置在表中按类别排序的书写规则。

表格设置中的【恢复默认】：恢复表格设置的默认格式及内容。

界面全局的【恢复默认】：恢复设备表的默认格式及内容。

2.2.2 平面统计

该命令用于对当前图选中的区域的设备进行统计，生成设备表。

单击【平面设计】→【强电平面】→【设备表】→【设备表生成】，出现如图 2-64 所示的“设备表生成”对话框。

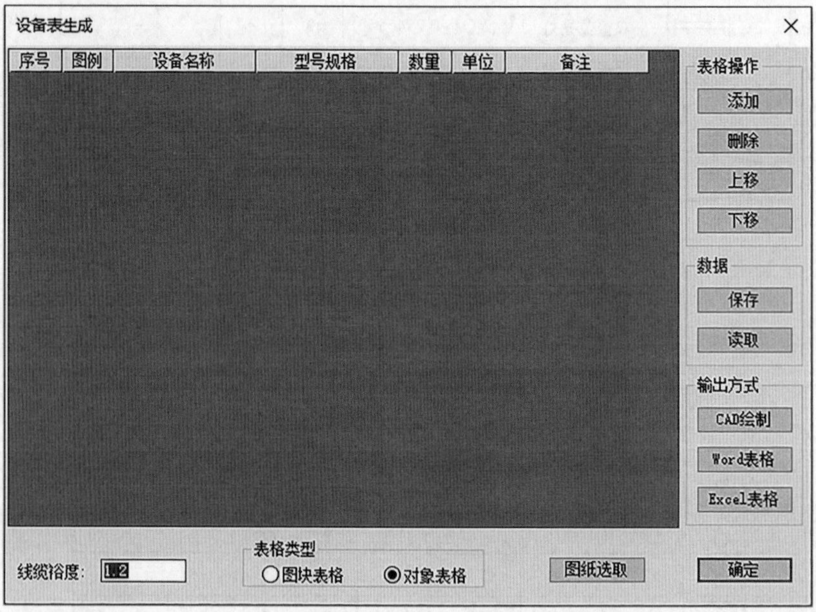

图 2-64 “设备表生成”对话框

1. 统计区域

执行命令后，对话框中的统计区域为空。统计区域获取数据的方式有三种：

(1) 图纸选取：点击“图纸选取”按钮，回到图纸中选择要统计的区域，确定后，图中数据统计到界面中。

(2) 手动输入：通过表格操作按钮，添加数据。

(3) 数据获取：如果存在设备材料表数据文件（.SBB），可以读取文件，文件中的数据显示在统计区域。

无论通过哪种方式获取到的统计数据，在统计区域中均支持手动编辑及表格操作。

2. 图纸选择

单击按钮【图纸选取】，设备表生成对话框隐藏，返回软件绘图界面，命令行提示：

平面设备表生成＝PM_SBBSC

请输入楼层数量＜1＞：

请输入选择方式[框选(0)/指定统计区域(1)]＜0＞：

请选择统计材料的范围[ESC 结束]＜统计全图＞：

输入楼层数量，指统计重复数，如果统计的是某个标准层，则可以输入标准层的数量，统计的是所有标准层的设备材料；根据命令行操作，用户框选统计的范围，也可以直接回车，统计全图。确定后，对话框弹出，并展示统计内容。统计结果列表如图 2-65 所示。

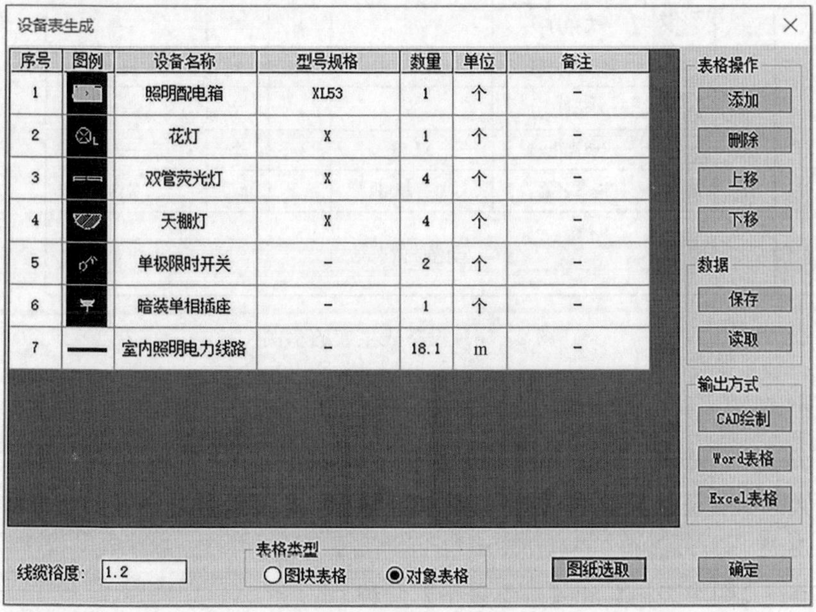

图 2-65　统计结果列表

3. 表格操作

可以对统计区域进行表格操作，无论区域内为空还是存在数据，都可以进行以下操作：

（1）添加：单击按钮，添加一空白行。

（2）删除：选中一行，点击按钮，删除选中行。

（3）上移：选中一行，点击按钮，所选行上移。

（4）下移：选中一行，点击按钮，所选行下移。

4. 数据

设备材料表可以保存为数据文件，进行二次编辑。以浩辰电气软件为例，其设备表数据文件为 .SBB 文件。

（1）保存：点击按钮，弹出“另存为”对话框，选择文件保存位置，点击保存即可。

（2）读取：点击按钮，弹出“打开”对话框，选择文件，点击打开即可。

5. 输出方式

设备材料数据可以通过三种方式输出表格。

（1）CAD 绘制：点击按钮，可以将统计内容输出为 CAD 表格形式，根据命令行提示“请输入设备表插入点：”，点击图面插入 CAD 表格。如图 2-66 所示设备表生成示例。

（2）Word 表格：点击按钮，统计内容自动输出为 Word 格式。

（3）Excel 表格：点击按钮，统计内容自动输出为 Excel 格式。

序号	图例	设备名称	型号规格	数量	单位	备注
7		室内照明电力线路	—	18.1	m	—
6		暗装单相插座	—	1	个	—
5	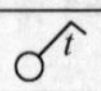	单极限时开关	—	2	个	—
4		天棚灯	×	4	个	—
3	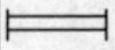	双管荧光灯	×	4	个	—
2		花灯	×	1	个	—
1		照明配电箱	XL53	1	个	—

设备材料表

图 2-66 设备表生成的示例

6. 线缆裕度

【线缆裕度】是统计线缆长度时考虑到实际工程的情况，这里允许用户对统计数据放大，线缆裕度通常设置为 1.1～1.2 之间。即：线缆统计长度＝线缆实际长度×线缆裕度。

7. 表格类型

表格类型有【图块表格】和【对象表格】两种。

（1）图块表格：双击图块表格，可以打开“设备材料表编辑”界面，在界面中可以编辑图块表格内容，并对表格进行操作。

（2）对象表格：双击表格内文字，可以进行在位编辑；双击表格线，可以打开“表格设定”界面，可以设置表格参数。

2.2.3 合并设备与材料统计表

在一张 DWG（CAD 图形文件）中可能统计生成了若干张图的设备表，如果想要统计生成总表，可以执行以下操作：

单击【平面设计】→【强电平面】→【设备表】→【设备表合成】，然后依照程序提示选择需要合并的设备表，指定新的设备表的生成位置后，合并后的设备表自动生成，自动生成总表的同时并不删除原来的设备表。

2.3 如何绘制系统图

电气系统图的作用是用单线图来表示电能或电信号的回路分配情况，主要表示各个回路的名称、用途、容量以及主要电气设备、开关元件及导线电缆的规格型号等。通过电气系统图可以知道该系统的回路个数及主要用电设备的容量、控制方式等。建筑电气工程中系统图是一个重要的环节，包括动力、照明、变配电装置、通信广播、电缆电视、火灾报警、防盗保安、微机监控、自动化仪表等各种系统图。

大部分建筑电气软件都提供多种绘制电气系统图的方法，可以让您以最快的速度、最简便的方法绘制出所需的系统图。通常可以提供两种绘制强电系统图的方法，直接绘制法和自动化设计法，下面逐一加以介绍。

2.3.1　系统图设置

该命令用于设置配电箱系统的相关参数。

在绘制系统图前先进行系统图参数设置。

单击【系统设计】→【强电系统】→【设置】，出现如图 2-67 所示的“配电箱系统图设置”对话框。

注：其中控制尺寸单位为 mm，并且考虑了出图比例，如出图比例设为 1：100，则绘制长度 30mm，实际绘出单位为 3000mm。

软件提供了两种形式配电箱系统图的绘制，包括图形式和表格式。

1. 图形式系统图设置

绘制式样和有关设置的对应关系，如图 2-67 所示。其中：

【出线方向】：系统图可以向下绘制也可以向右绘制；

【标注高度】：设备型号规格标注距离回路线的高度；

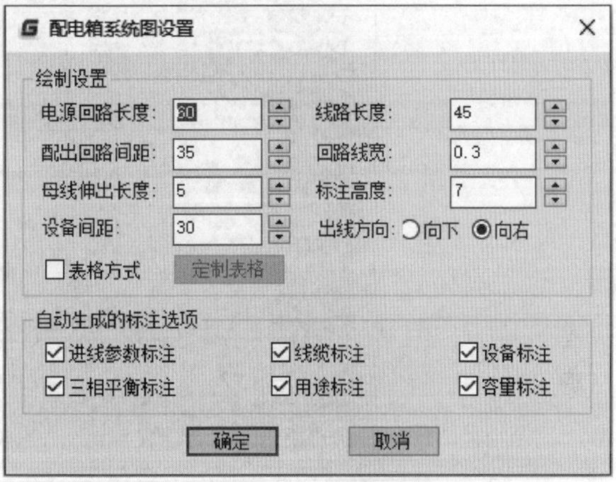

图 2-67　“配电箱系统图设置”对话框

【自动生成的标注选项】：有关数据可以自动标注到系统图中，可以勾选需标注的项目。

2. 表格式系统图设置

表格式系统图如图 2-68 所示，其他设置类似图形式，首先在图 2-67 所示的对话框中勾选“表格方式”，然后单击【定制表格】按钮，弹出如图 2-68 所示的表格定义对话框。

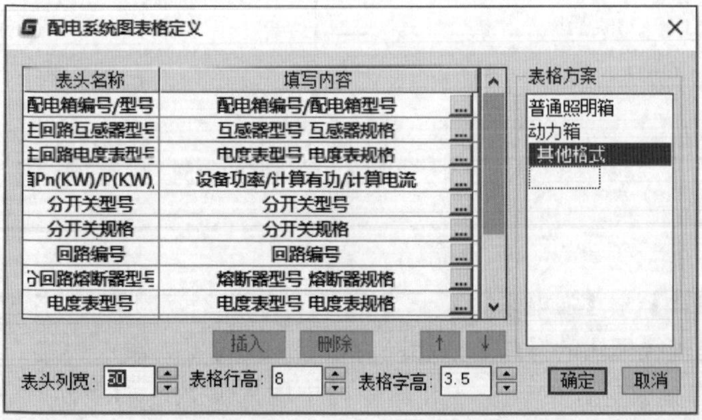

图 2-68　“配电系统图表格定义”对话框

2.3.2　直接绘制法绘制系统图

直接绘制法绘制系统图是从系统图的方案库中选择，加以修改和标注。

下面以照明系统图为例，介绍“直接绘制法绘制系统图”的操作方法。

1. 调用方案绘制系统图

单击【系统设计】→【强电系统】→【照明系统图】，出现如图 2-69 所示的“照明配电箱方案选择”对话框。

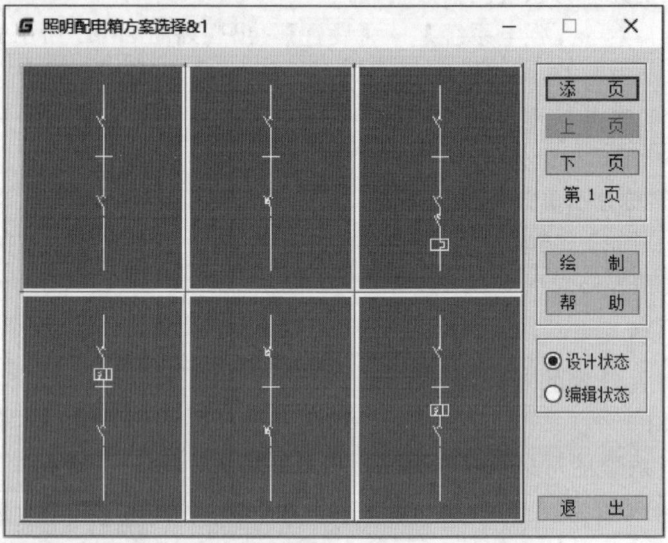

图 2-69 “照明配电箱方案选择”对话框

勾选【设计状态】，单击一个方案，每个方案只显示电源回路和一个配出回路，配出回路的数量在屏幕提示中输入，单击【绘制】按钮即可输出，效果如图 2-70 所示。

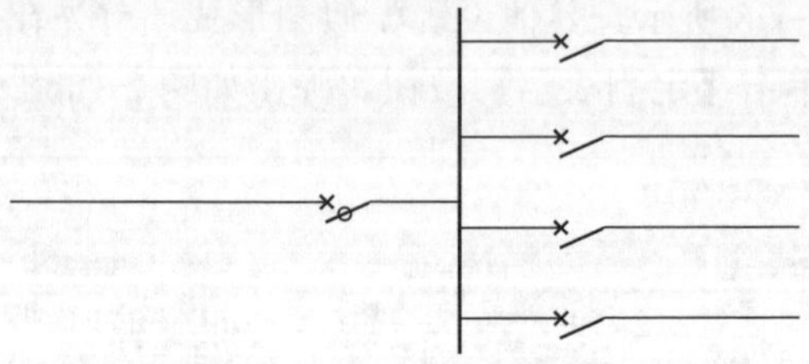

图 2-70　照明配电箱方案的示例

2. 标注

单击【系统设计】→【强电系统】→【标注】，如图 2-71 所示，各种标注均有显示。

配电箱标注与进线标注的操作方法相同，指定标注位置，输入参数。

设备标注时选择要标注的设备，在命令行中输入参数。如果同时选择多个设备进行标注，加亮显示的是正在标注的设备，完成该设备标注后，会自动跳转下个设备进行标注。

线缆标注、用途标注、相序标注、编号标注、通用标注的操作方法相同，绘制截线，标注相交的回路，然后指定标注位置，可以选择回路上某个位置，也可以选择回路末尾，输入参数，上下位置保证对齐。标注后的效果如图 2-72 所示。

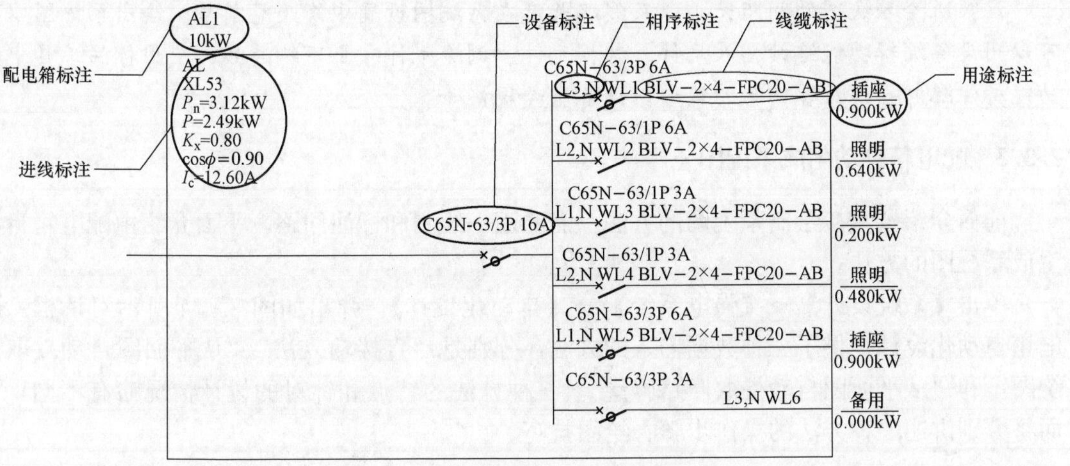

图 2-71　照明系统图标注的示例

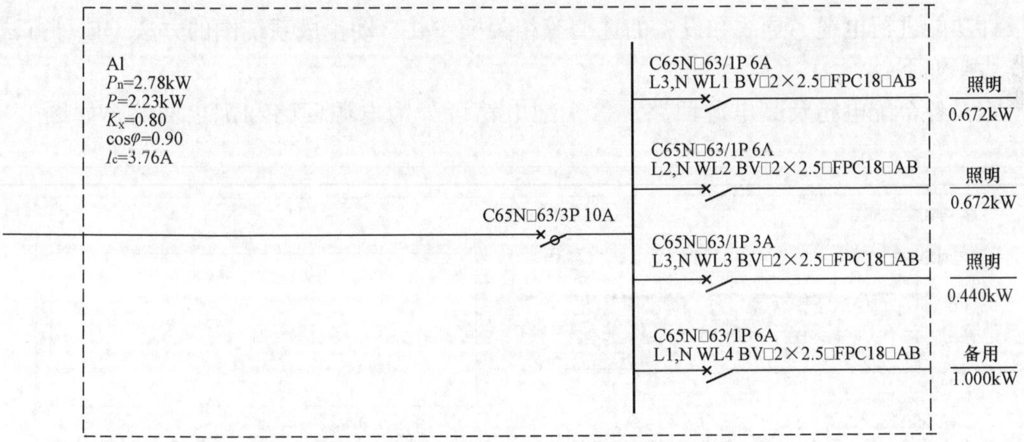

图 2-72　照明配电系统图的示例

3. 编辑系统图方案

软件同时还提供了编辑系统方案的功能，可以编辑和新建系统方案方便下次使用。勾选【编辑状态】，点取一个方案，弹出如图 2-73 所示“照明配电箱系统图构造”对话框。

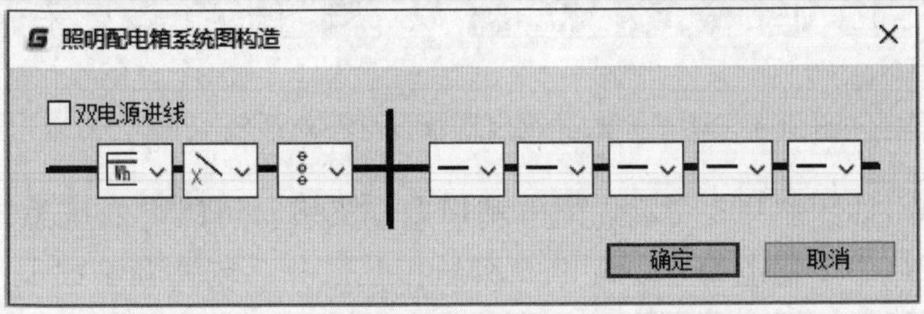

图 2-73　“照明配电箱系统图构造”对话框

在对话框中选择电源回路和配出回路的元件，构造新的照明回路。

单击鼠标右键，在方案中复制和粘贴已有方案，然后再进行上述的编辑工作，以增加新的回路方案。

注：所绘系统图的间距大小以及线路长度在系统图设置中修改见前节。绘出系统图以后可以用设备编辑功能继续插入元件、替换元件、删除元件、上下级连线；应用标注工具中的功能标注配电箱以及各回路的编号，设备型号规格等。

2.3.3 配电箱自动生成系统图

前面介绍了直接绘制系统图的方法，需要逐一绘制和标注回路，下面介绍由配电箱自动生成系统图的方法。

单击【系统设计】→【强电系统】→【自动化设计】，弹出如图 2-74 所示对话框。配电箱自动化设计提供了三种数据输入的方法，分别是“直接输入法”“从平面图自动提取系统图”和“从平面图自动提取回路容量”。三种方法的特点和针对的设计情况略有不同，下面将分别讲述三种方法的操作步骤、绘图技巧。

1. 直接输入法

直接输入法是指在表格中直接输入各回路灯具和动力设备的负荷，然后利用软件的自动化设计功能进行电缆、导线和设备的选型等相关操作并自动生成系统图的方法。该种方法的操作步骤如下：

定义各个配电箱及其电源回路。每个配电箱可分为电源回路和配出回路，如图 2-74 所示。

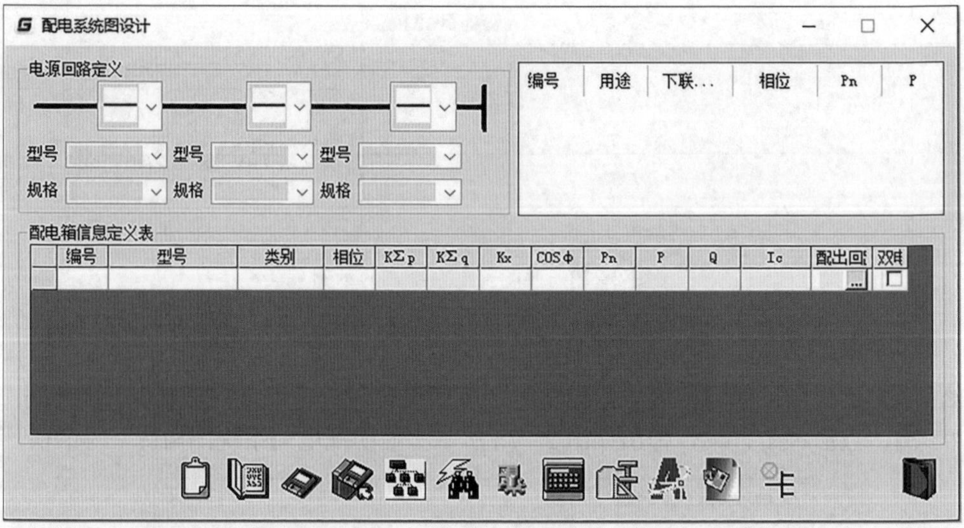

图 2-74 “配电系统设计”对话框

调用命令，弹出如图 2-75 所示的配电箱信息定义表，可以将低压系统中所有配电箱都罗列到表格中，每行一个配电箱，以配电箱编号相互区分。创建办法如下：

（1）单击【新建】按钮，即可生成一张空表。

（2）在配电箱列表框内，填入配电箱编号，型号规格，类别（普通配电箱、电源进线配电箱），相位（这里的相位是主开关的相位），以及功率因数，需要系数。配电箱各行数据可以单击右键进行复制、粘贴、删除、剪切操作。

（3）定义电源回路形式。选中任何配电箱，可以看到对话框上部“电源回路定义”区域

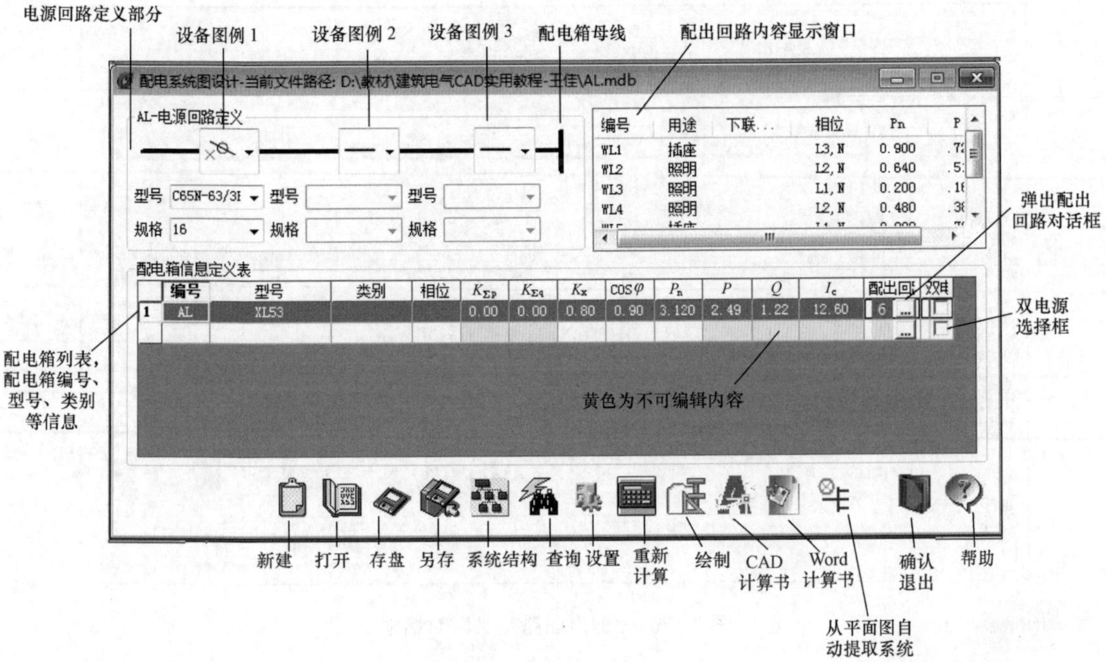

图 2-75　配电箱自动生成系统图

$K_{\Sigma p}$—有功同时系数默认 0.9；$K_{\Sigma q}$—无功同时系数默认 0.9；K_x—需要系数 0～1；$\cos\varphi$—功率因数 0～1；P_n—用电设备组设备额定容量，kW；P—用电设备组计算有功功率，$P=K_x\times P_n$；Q—用电设备组的计算无功功率，kvar，$Q=P\tan\varphi$；I_c—计算电流：三相 $I_c=P/(1.732\times 0.38\cos\varphi)$，单相 $I_c=P/(0.22\times\cos\varphi)$

[总配电箱 $P=K_{\Sigma p}\times\sum(K_x\times P_n)Q=K_{\Sigma q}\times\sum(K_x\times P_n\times\tan\varphi)$]

亮显，此时可以对电源回路进行定义，选择元件和型号规格。也可以在创建“信息定义表”之前，利用设置按钮【 】，事先设定回路形式。

注：1. 黄色的部分，是根据每个配电箱的配出回路数据计算得到的结果，白色的空格表示可以输入数据。其中总配电箱要输入 $K_{\sum p}$ 和 $K_{\sum q}$，其他数据根据下联配电箱的数据汇总计算得到。普通配电箱的所有数据也是根据配出及下联配电箱的数据计算得到，其中，K_x 和 $\cos\varphi$ 可以修改，重新计算 P、Q、I_c。

2. 配电箱编号中，数字如果在文字（AL，AP 等）前面时，如 1AL，则在复制粘贴配电箱时可以自动累加编号。

3. 可以通过“查询”按钮查看设计规范中的功率因数和需要系数表。

（4）定义配出回路列表。单击图 2-75 所示的对话框中的【配出回路】的按钮，弹出“配出回路对话框”，如图 2-76 所示，输入该配电箱的配出回路数据。如果是首次进入编辑，则必须存盘以后方可进入配出回路对话框。

在回路定义信息表中白色区域内输入配出回路的相关参数，包括回路编号、用途（在自动绘图时标注）、下联配电箱等。软件自动计算有功、无功和计算电流。

注：输入下联配电箱时，应输入在前一个对话框中输入的配电箱编号，如连接多个配电箱，输入的多个配电箱编号应以逗号隔开，如“1AL，2AL”。相位一栏如果是单相，可以不输入，由软件自动分配。

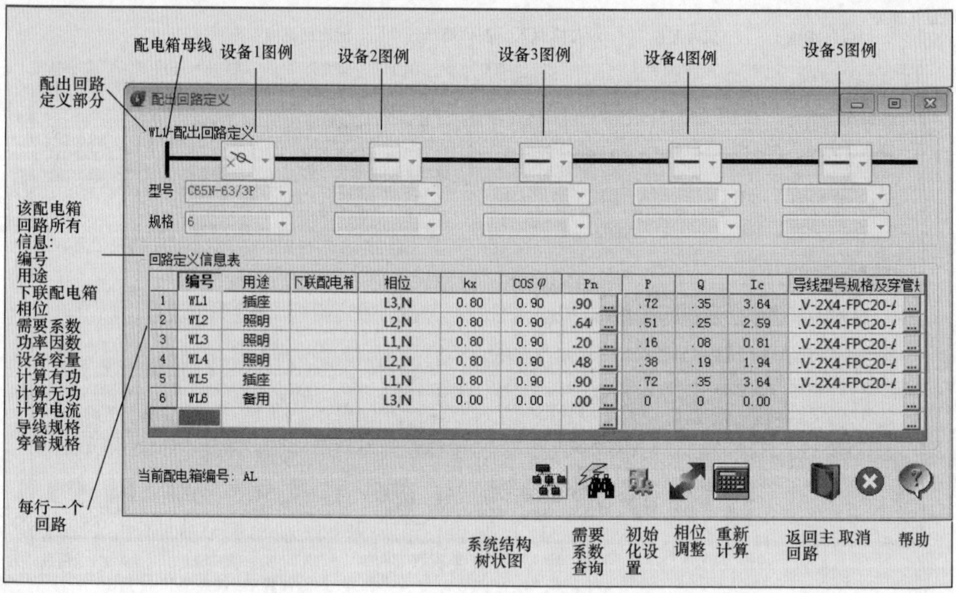

图 2-76　“配出回路定义”对话框

在对话框上部的“配出回路定义”中，软件自动根据设置，选择元件及型号，可以修改设置。

软件还可以根据计算电流，自动选择的导线的型号规格及穿管规格，在每个回路的最后显示，也可以修改。方法是点“导线型号规格”下的【...】按钮，弹出对话框，可以选择导线型号及查询电缆截面、查询管径等，单击【确定】按钮，即可将查询得到的数值返回。

按下按钮【】，进行相序调整，不能平衡的可以人工设置相位。单击【】确认返回。

注：配电箱负荷的不平衡率设为 15%，如果三相平衡，则负荷按照三相负荷加各项单相负荷之和；如果三相不平衡，则负荷按照三相负荷加最大单相负荷的三倍。

（5）查询需要系数功率因数。按下【】，查询需要系数和功率因数，软件收录了《工业与民用配电设计手册》中所有相关数据。

（6）自动绘制系统图。软件可以输出某个配电箱的系统图，也可以输出整个系统的配电箱系统图。

1）选中一个普通配电箱，再单击【】，可以输出该配电箱的系统图。

2）选中一个总配电箱再单击【】，当命令行询问是否绘制下级配电箱时输入“yes”，可以绘制整个系统的配电箱系统图。

系统图绘制完成后的效果如图 2-77 所示。

（7）输出计算书。按【】或【】分别输出到 Word 或是 CAD 软件中。

（8）工程存储。

1）按下按钮【】，打开存盘文件，文件为 mdb 格式。

2）按下按钮【】，存盘或是另存文件，文件后缀为 mdb。

3）按下按钮【】，新建一个数据库文档。

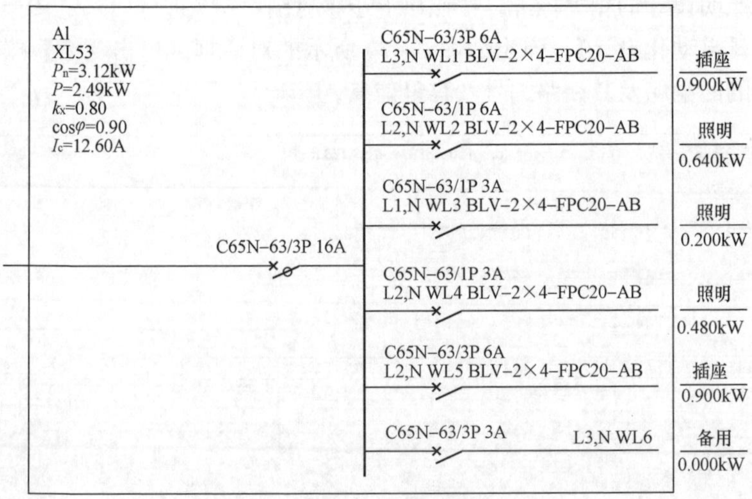

图 2 - 77　配电系统图的示例

(9) 编辑修改。如果修改了系统中任何参数或负荷，可以按下【▦】，对所有相关的回路进行重新计算和选型。

2. 自动生成系统图的方法

可以从已经绘制的平面图中，搜索设备的赋值信息，自动读入数据，赋值信息包括所属配电箱、回路编号、设备容量、灯具为灯头数目 X 额定容量等。

如果设备赋值时，用电设备没有分配配电箱和回路编号，也可以到回路定义中定义设备所属配电箱和回路，具体步骤如下：

(1) 选择【强电系统】→【回路定义】功能，弹出如图 2 - 78 所示的“配电箱回路定义、检查”对话框，在“配电箱编号”栏中输入配电箱的编号，在“回路号”栏输入回路编号，点取相应【定义】按钮，到平面图上框选或点选属于该回路的设备，这样回路就和这些设备建立了连接关系。最后点取【赋值配电箱】，在平面上点取相应的配电箱就完成了对于一个配电箱和其回路的定义。

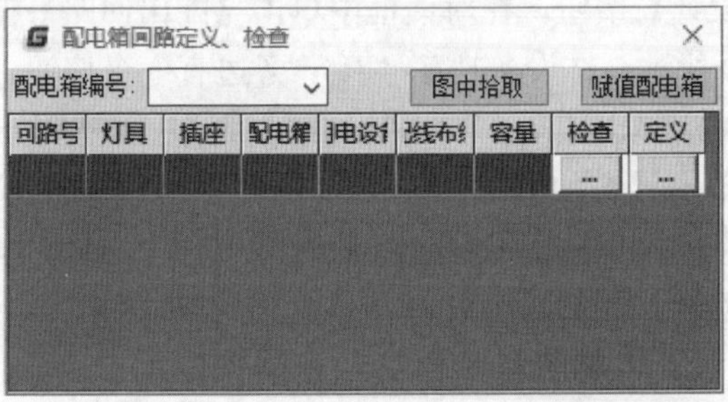

图 2 - 78　“配电箱回路定义、检查”对话框

(2) 对于已经建立联系的回路和用电设备也可以删除此连接关系，单击某个回路后的【定义】按钮，点取需要取消连接关系的设备，可以看见设备颜色发生了变化；特别地，如果定义连接时，点取了其他回路的设备，则该设备自动解除和原来回路的连接关系。

根据建筑照明设计的相关标准，按照以上步骤对图 2 - 78 进行回路定义。

(1) 单击【自动化设计】，弹出如图 2 - 79 所示的对话框。单击【】按钮，即可自动提取平面图中的配电箱及其回路编号及容量信息。

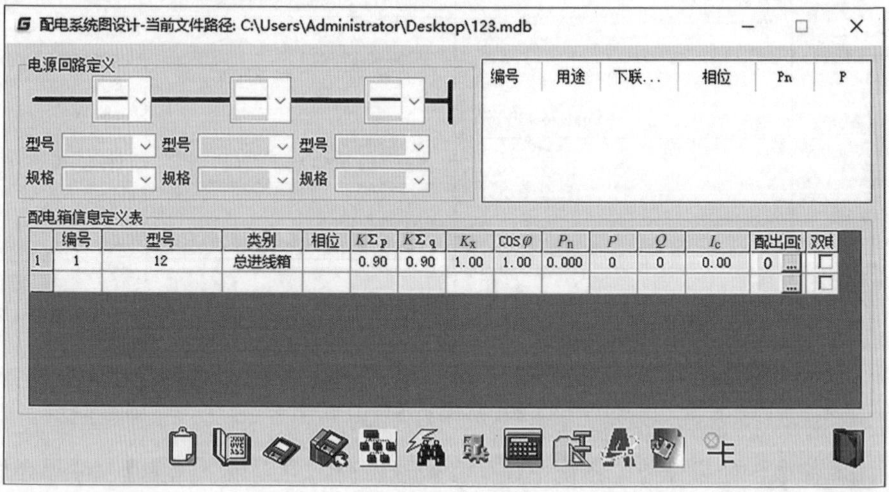

图 2 - 79 “配电系统图设计”对话框

(2) 在对话框表格内输入相位、类别、型号规格、需要系数 K_x、功率因数 $\cos\varphi$ 以及配出回路的用途、相位、需要系数 K_x、功率因数 $\cos\varphi$ 等，单击【计算】，其他操作同前。

注：在自动提取平面图中的配电箱之前要先检查配电箱等设备的回路是否定义完成。在“配电回路定义、检查”对话框中，选择一配电箱，列出回路号，单击某个回路后面的检查按钮，可以看到在平面图上，所有该回路的设备变为其他颜色（可以依照屏幕提示，定义变化的颜色），据此检查回路负荷情况。

3. 从平面图自动提取回路容量

在平面图中设备可以不定义回路信息，而只需要给用电设备的容量赋值，然后使用本功能，使用步骤如下：

(1) 单击【自动化设计】按钮，在对话框中单击【配出回路】按钮。弹出“配出回路定义”对话框，如图 2 - 80 所示，在设备功率“P_n”旁边有一个按钮，可以从平面图提取该回路容量，单击该按钮，然后弹出如图 2 - 81 所示的“回路容量选择”对话框。

(2) 在对话框中，单击【增加】，进入 CAD 软件中框选此回路的设备，软件将选到的设备和容量列出，并计算出总负荷。

(3) 单击【确定】返回，并将选定设备容量值写到 P_n 栏中。

以下的步骤同本节“1. 直接输入法”。

4. 系统图方案和自动选型设置

(1) 单击【】按钮可进行配电箱方案设置和元件自动选型设置，对话框如图 2 - 82 所示。根据此设置，可以自动将各个回路按通常的情况自动选型（包括电缆和元件）。

设备选型定义：选择【设备选择】，选取某种设备，在左侧【该设备型号默认值】选择设备的默认型号，规格根据配出回路的计算电流整定得到，例如，回路电流计算结果为

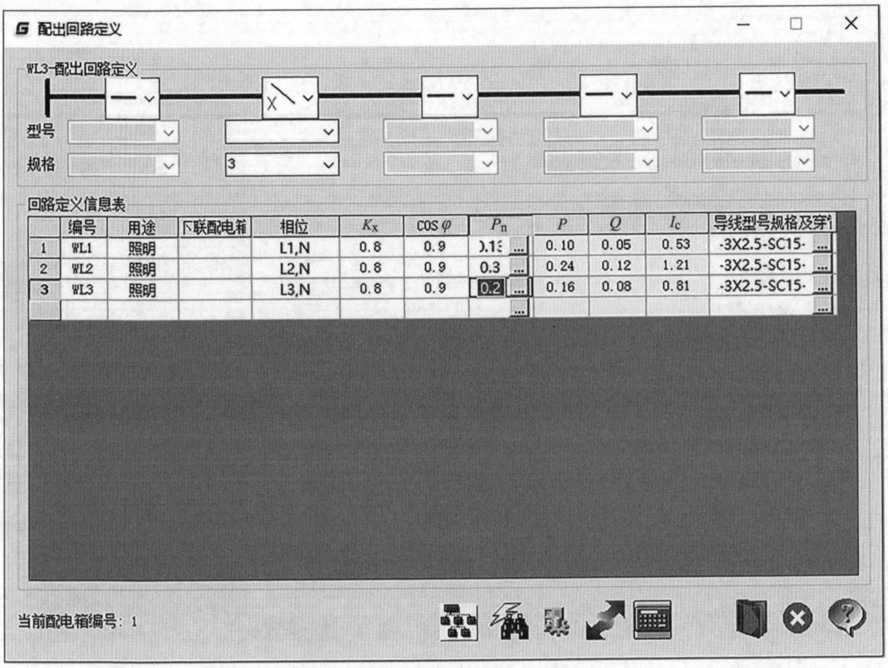

图 2-80 “配出回路定义”对话框

90.9A，断路器型号默认为 C65N-63/1P，规格整定为 125A。

注：对于有上下级配合的断路器，上一级采用放大一级的方法选择。

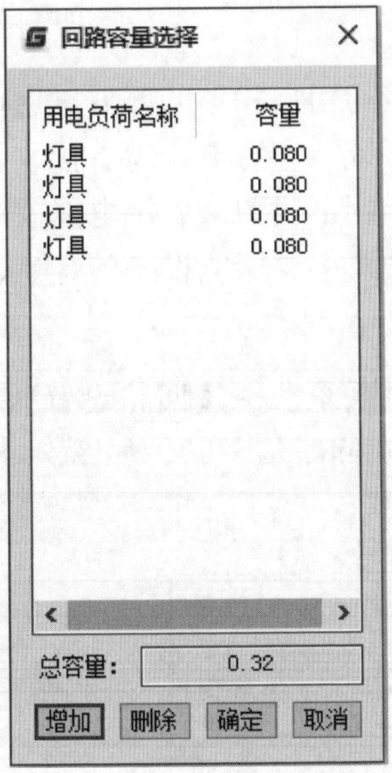

图 2-81 “回路容量选择”对话框

（2）导线（电缆）选型定义：软件根据计算电流，自动按照设计手册提供的数据，自动选择导线型号和保护管规格。

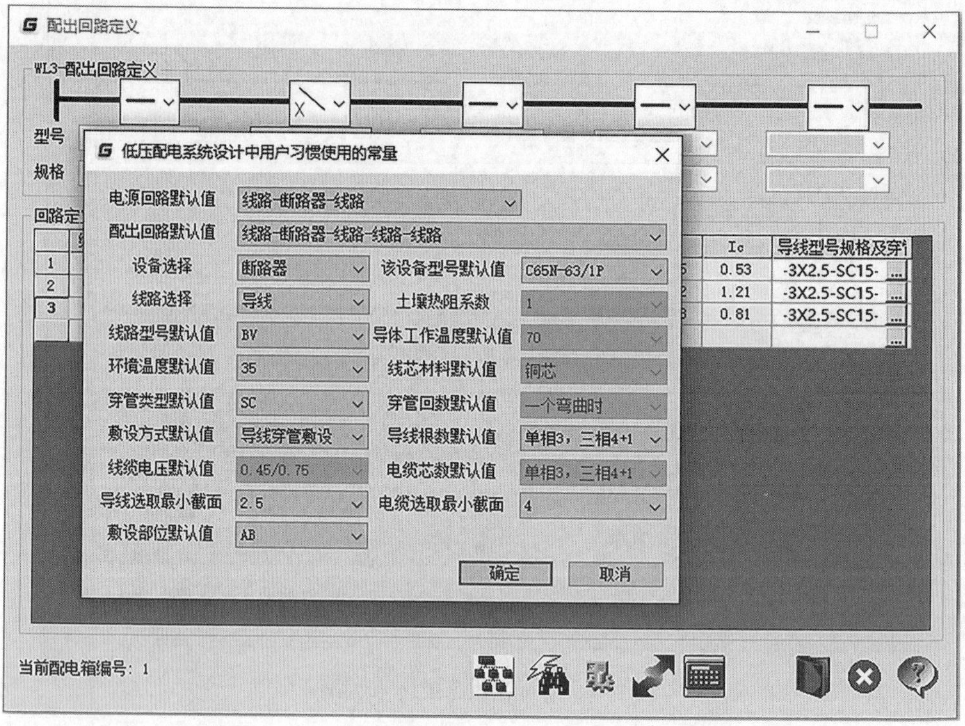

图 2-82 “系统图方案和自动选型设置”对话框

2.3.4 供配电系统图

供配电系统是电力系统中直接与用户相连的部分，通常由变电站、供配电线路及用电设备组成。它是建筑电气的最基本系统，它对电能起着接收、转换和分配的作用，向各种用电设备提供电能。供配电系统图就是用单线图来表示电能或电信号的回路分配情况，通过电气系统图可以知道该系统的回路个数及主要用电设备的容量、控制方式等。

1. 回路设置

单击【系统设计】→【供配电系统】→【回路设置】，出现如图 2-83 所示的回路方案设置对话框。【回路间距】设置回路间距值“h”，如图 2-84 所示。

【母线宽度】设路的母线宽度。

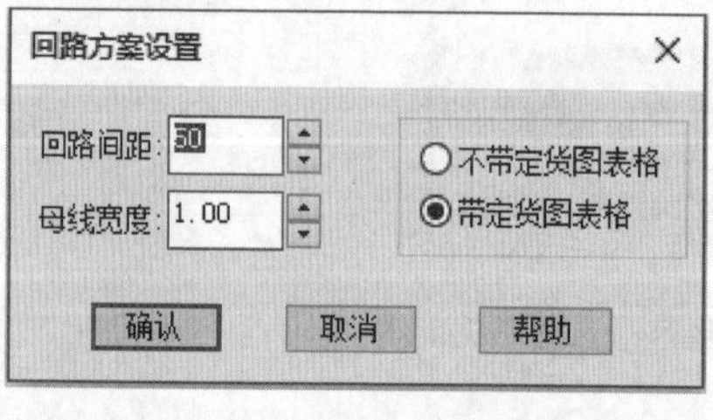

图 2-83 “回路方案设置”对话框

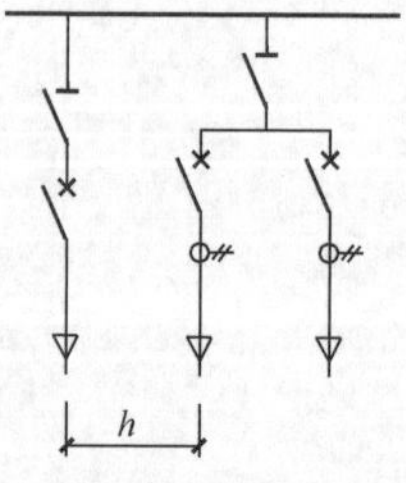

图 2-84 回路方案的示例

2. 回路绘制

单击【系统设计】→【供配电系统】→【回路绘制】，出现如图 2 - 85 所示的“回路库”对话框。

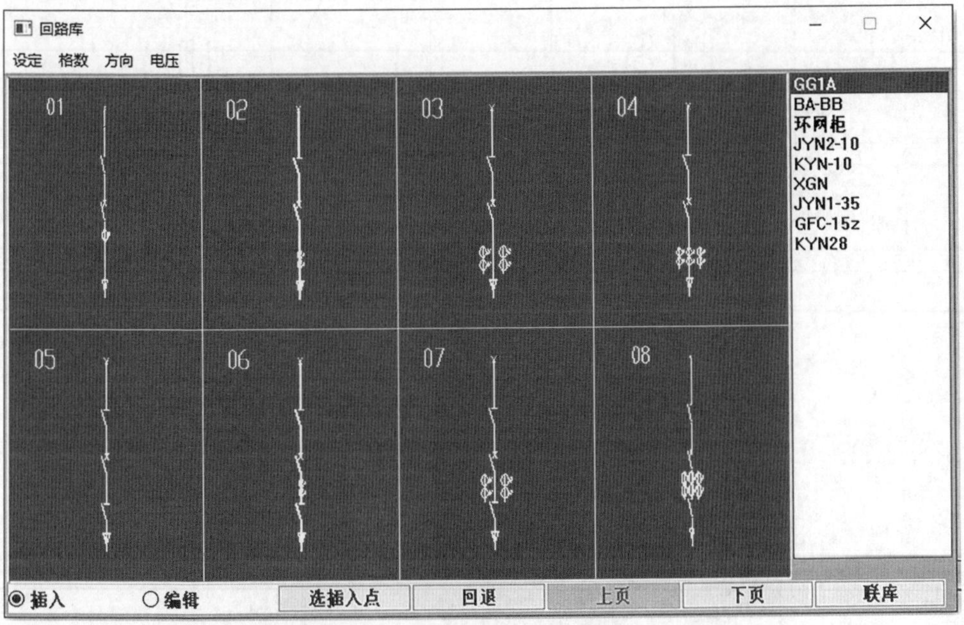

图 2 - 85　“回路库”对话框

绘制回路时，应在左下的选项中，选择“插入”，此时系统在 CAD 软件提示栏，提示：

＊请输入回路插入点〈回车取上次值〉：

可以任选一点，开始绘制新的回路；或按回车键，系统会自动接在上次绘制的最后一个回路后绘出新的回路。

选插入点 I/绘制回路 S：

可以直接点取要绘制的回路，也可键入 I（点击选插入点按钮），重新选择绘制点。在绘制过程中，可以随时键入 U，或点击回退按钮，取消上次绘制的回路。

完成的效果如图 2 - 86 所示。

3. 定货图表格

定货图表格是指在高低压系统图中绘制的表格。定货图设置用来设置高压、低压、配电箱定货图的型式。

单击【系统设计】→【供配电系统】→【定货图表格】→【定货图设置】，出现如图 2 - 87 所示的“定货图设置”对话框。

“数据模板”项提供了适合不同定货图型式的不同模板。可以根据定货图型式来选择合适的模板。

【高压定货图型式】“表格式”“图形式”是指设备的型号规格是直接标注在图形中还是列出在定货图表格中，可以根据自己的习惯来决定采用哪一种形式。

【低压定货图型式】“表格式”“图形式”是指设备的型号规格是直接标注在图形中还是

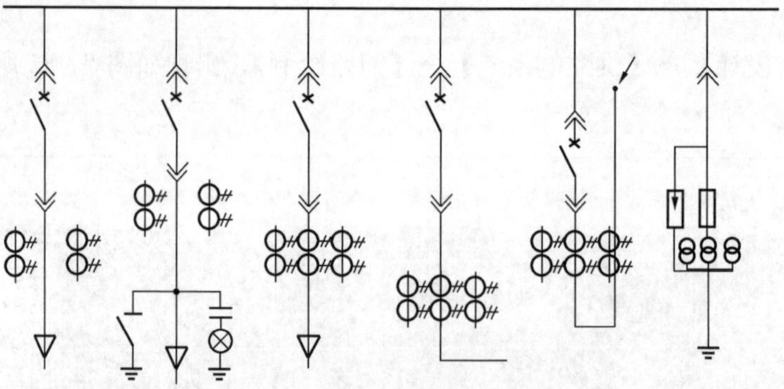

图 2-86 配电系统图的示例

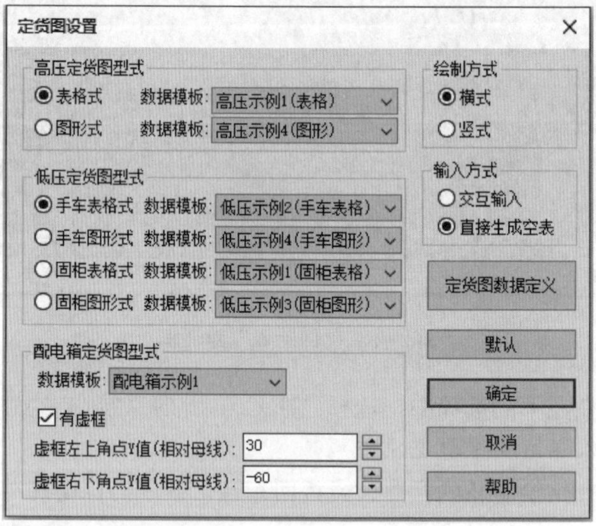

图 2-87 “定货图设置”对话框

列出在定货图表格中。“手车式”“固柜式”是指低压柜的形式。

【有虚框】此项设置配电箱定货图绘制时是否绘制虚框。当这一项不被选中时，下面的“虚框左上角点 Y 值（相对母线）”和“虚框右下角点 Y 值（相对母线）”禁止输入。

【横式】横式是将定货图表格的内容（比如用途）按柜子的排列顺序输入完毕后再进行表格其他内容的输入，直到所有内容输入完毕，即“先横后竖”。

【竖式】是按柜子的排列顺序将每一开关柜的所有内容输入完后再进行其他开关柜内容的输入，直到所有内容输入完毕，即“先竖后横”。

此项内容只有在“输入方式”为“交互输入”时才有意义。

【交互输入】生成定货图表格时逐一提示输入内容。

【直接生成空表】生成定货图表格时先生成空表，定货图的内容均以红色的“X”表示，后续可以用“自动填注内容编辑”功能或者“表格填写”进行内容的填注。

【定货图数据定义】单击此项后可对定货图数据模板进行编辑和自定义。详细操作见“定货图数据编辑”。

【默认】为了防止随意修改数据导致原始数据丢失，提供了【默认】按钮，无论如何修改，单击此按钮，即可恢复原始数据。

注：(1) 有关每一种数据模板的具体形式在单击【定货图数据定义】按钮后均有动态显示。

(2) 定货图的设置按照本单位的习惯设定完毕，如需在其他机器共享，只要把定货图设置文件（在 \ Datcom 目录下）拷贝出即可。

4. 高压定货图（下）

单击【系统设计】→【供配电系统】→【定货图表格】→【定货图设置】，进行定货图设置，确定模板及其他选项是否符合自己的要求。此时如果定货图设置中“输入方式”选择“交互输入”，则逐项提示输入内容；选择“直接生成空表”就生成空表后结束。

如图 2-88 所示，为选择“直接生成空表”时绘出的图形，可以用“自动填注内容编辑”功能或者“表格填写”功能来填写文本内容。

注：选择出线时应框入完整回路，包括母线。

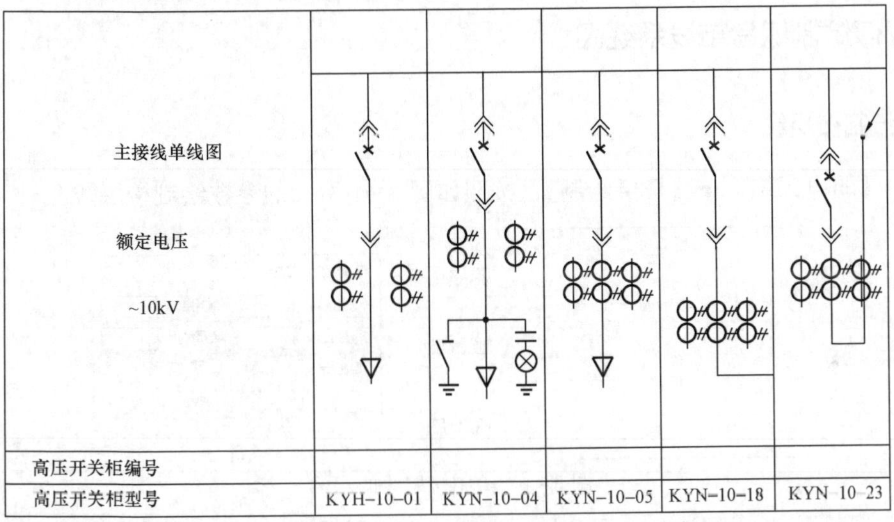

图 2-88　高压定货图的示例

第 3 章　如何绘制弱电系统图

本章主要介绍部分建筑弱电系统图的绘制方法，弱电平面图及材料表的绘制方法与强电类似。下面将通过实际绘制综合布线系统图和紧急报警系统图，详细介绍绘制弱电系统图的方法和步骤。

应用绘图软件绘制弱电系统图的基本步骤如下：

（1）在平面图中绘制楼层线。

（2）在平面图中设备布置。

（3）在平面图中绘制导线。

（4）在平面图中标注设备及导线。

3.1　如何绘制综合布线系统图

3.1.1　绘制楼层线

单击【弱电系统】→【楼层绘制】，按照如图 3 - 1 所示的参数绘制楼层线。

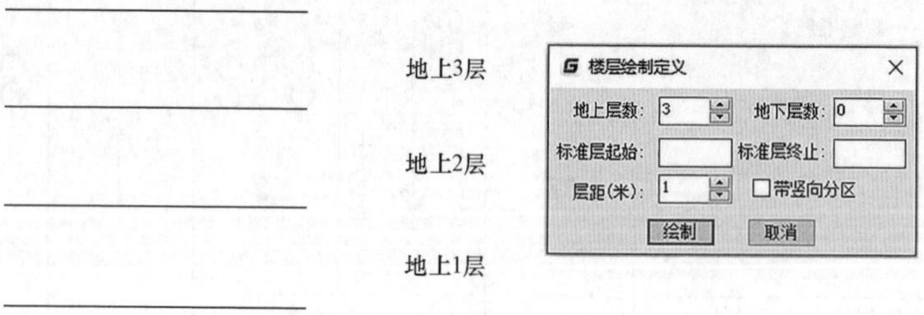

图 3 - 1　绘制楼层线的示例

【地上层数】：地上层数从 1 层开始。在此输入楼层总数。

【标准层起始】【标准层终止】：相连标准层可以只画一层，输入起始和终止楼层。

【层距】：设定层线之间的间距。

【带竖向分区】：绘制竖向分区，如主楼区和裙房区，又如住宅一单元至三单元分区绘制。

【绘制】：开始进入 CAD 软件进行绘制。

注：楼层线绘制也可以用来绘制供电系统图中的楼层。

3.1.2　设备布置

1. 布置交接线

单击【弱电系统】→【层间布箱】，出现如图 3 - 2 所示的“层间箱布置连线定义”对话框，这里不勾选“是否连线”，设备布置完成后将进行连线。

选择如图 3 - 3 所示的“设备布置对话框”，应首先选择一段楼层线，然后绘制一根截线，如图 3 - 4 所示。穿过的楼层上会自动布置好层间箱，效果如图 3 - 5 所示。

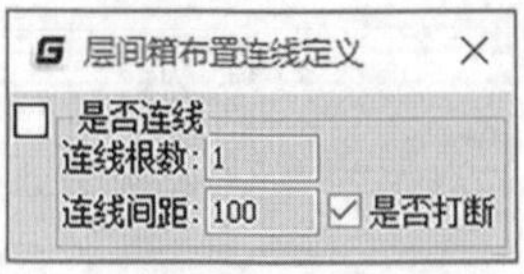

图 3-2 “层间箱布置连接定义”对话框

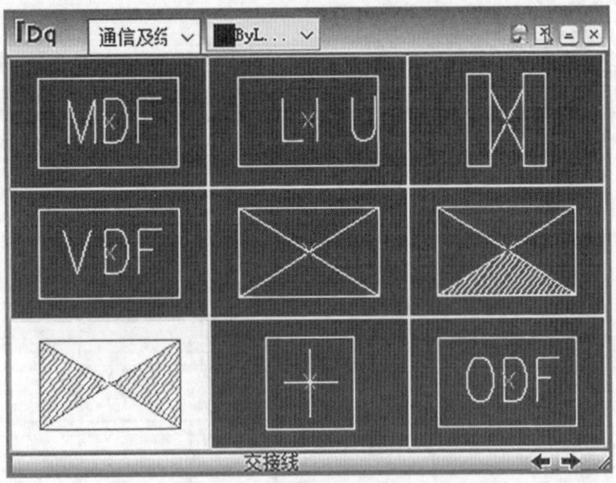

图 3-3 “设备布置”对话框

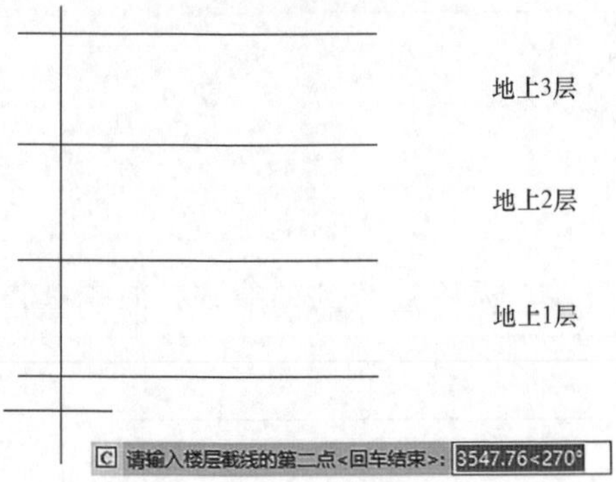

图 3-4 绘制一根截线

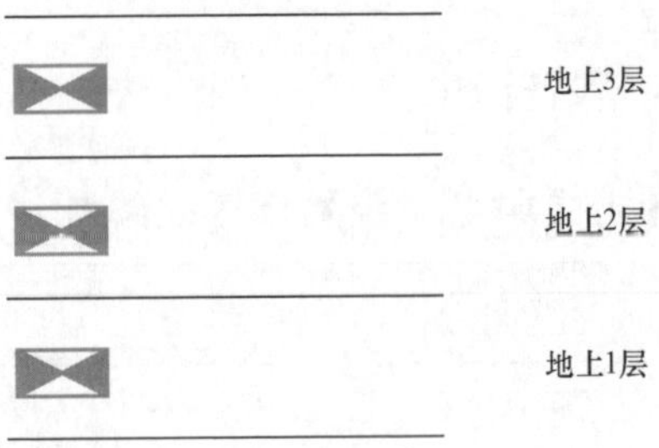

图 3-5 交接线布置完成

2. 布置电话插座和计算机插座

操作方法与布置交接线相同，选择电话插座和计算机插座完成布置，效果如图 3-6 所示。

3. 布置网络配线架、中间配线架及光纤配线架

操作方法与布置交接线相同，选择网络配线架、中间配线架及光纤配线架完成布置，如图 3-7 所示。

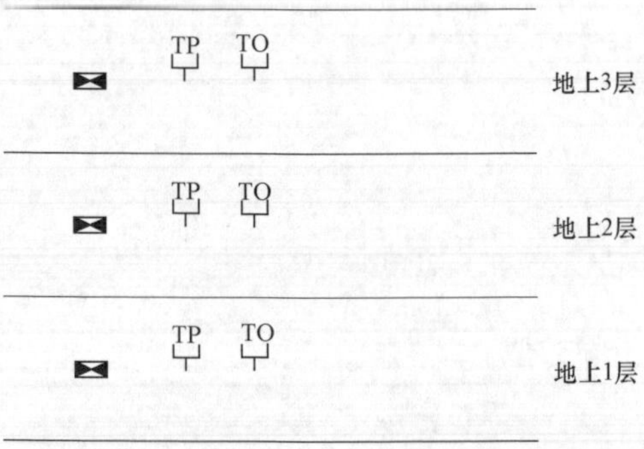

图 3-6 电话插座和计算机插座布置完成

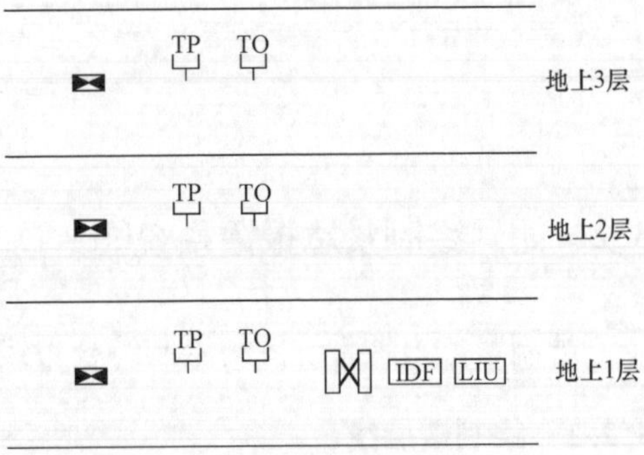

图 3-7 网络配线架、中间配线架和光纤配线架布置完成

3.1.3 设备连线

选择“直线”，连接设备，效果如图 3-8 所示。

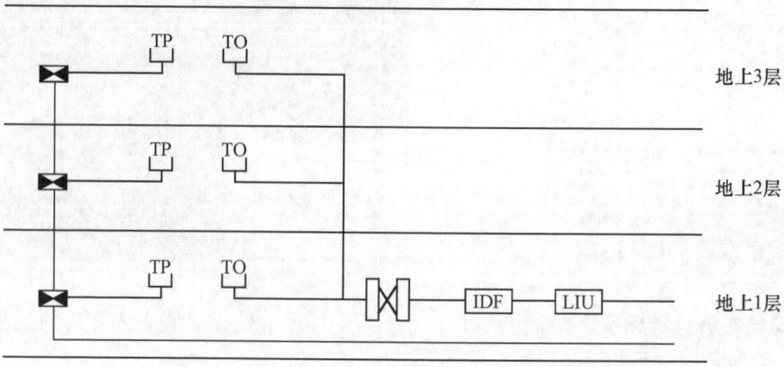

图 3-8 设备连线完成

3.1.4 设备标注

单击【弱电系统】→【线缆标注】，绘制截线，标注被截到的线缆，效果如图 3-9 所示。

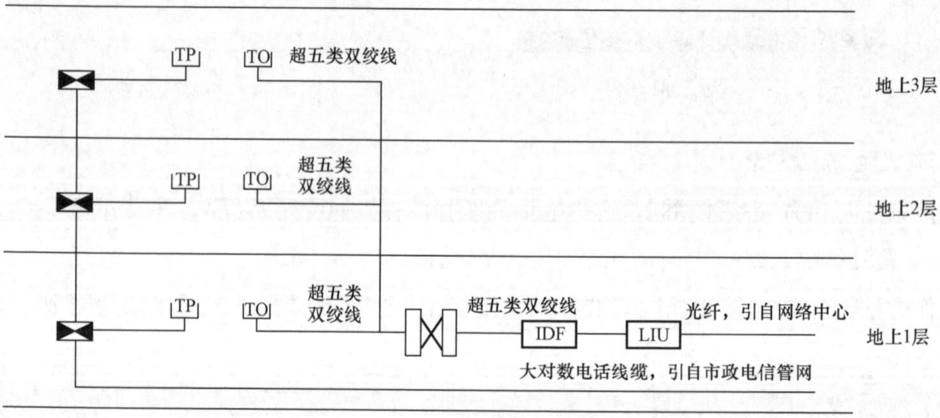

图 3-9 线缆标注完成

3.2 如何绘制紧急报警系统图

绘制紧急报警系统图与绘制综合布线系统图的步骤类似。

3.2.1 绘制楼层线

单击【弱电系统】→【楼层绘制】，出现如图 3-10 所示的“楼层绘制定义”对话框。

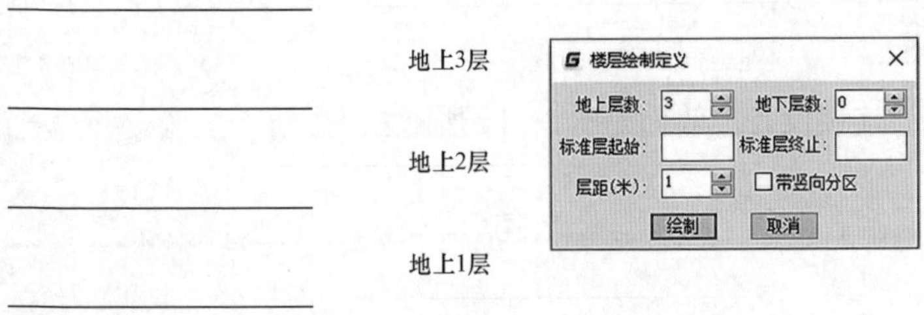

图 3 - 10　绘制楼层线的示例

3.2.2　设备布置

1. 布置控制器、声光报警器和紧急按钮开关

单击【弱电系统】→【层间布箱】，操作方法与绘制综合布线的相同，在“设备布置”对话框中选择控制器、声光报警器和紧急按钮开关，如图 3 - 11 所示，通过左右箭头切换页面选择其他设备完成布置。

布置完成后的效果，如图 3 - 12 所示。

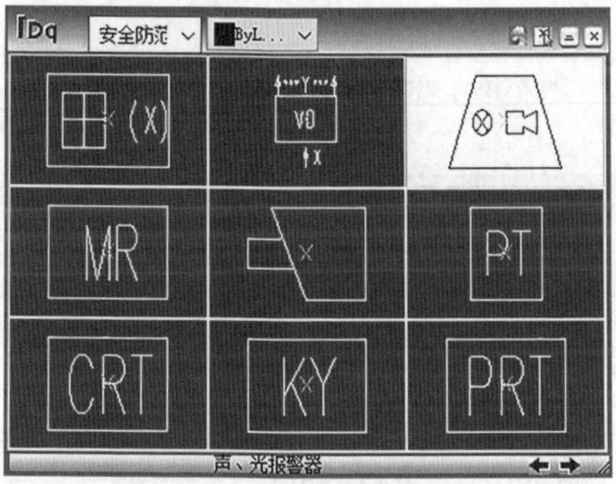

图 3 - 11　“设备布置”对话框图

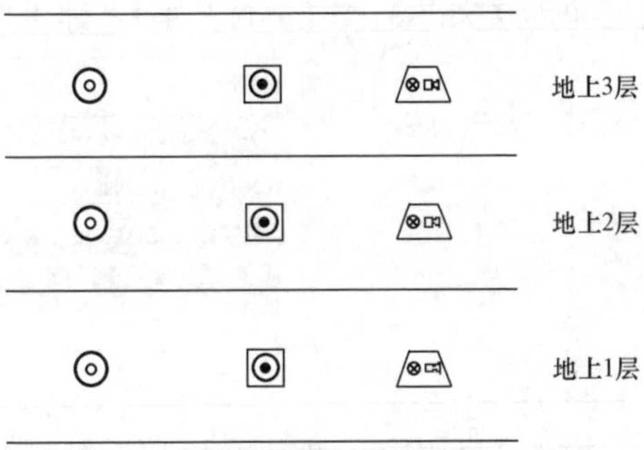

图 3 - 12　控制器、声光报警器和紧急按钮开关布置完成的示例

2. 布置电源箱

采用“矩形”绘制电源箱，效果如图 3 - 13 所示。

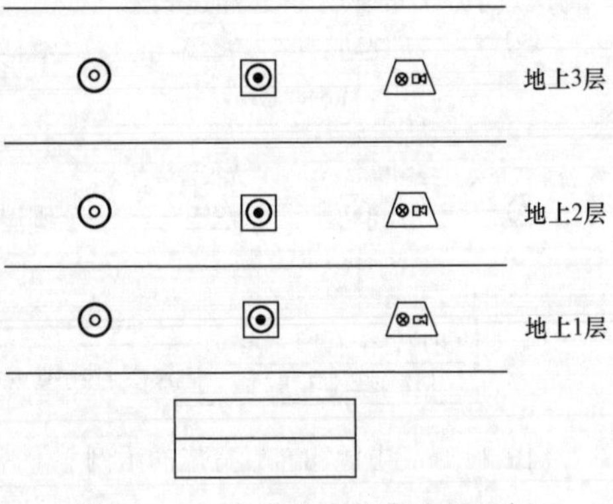

图 3 - 13　电源箱布置完成的示例

3.2.3　设备连线

选择“直线”连接设备，效果如图 3-14 所示。

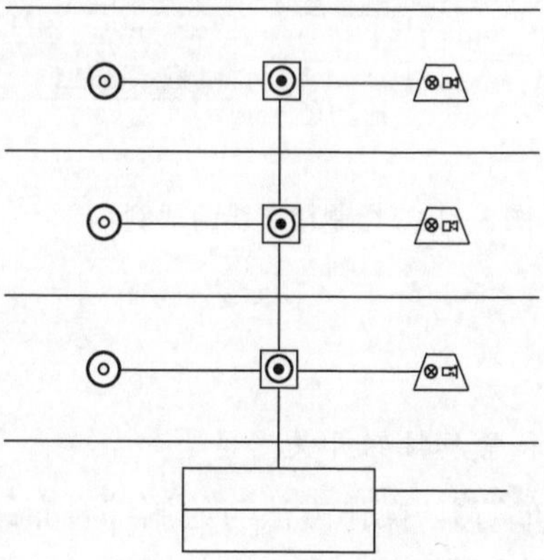

图 3-14　设备连线完成的示例

3.2.4　设备标注

单击【文字】→【单行文字】，弹出如图 3-15 所示的“单行文字”对话框。

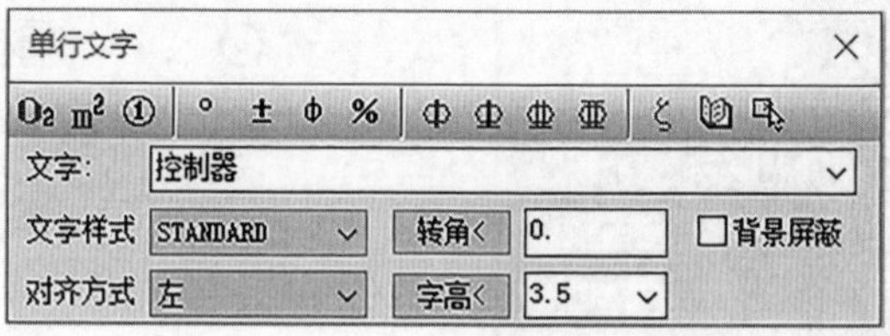

图 3-15　“单行文字”对话框

输入文字内容，单击插入点位置完成标注，效果如图 3-16 所示。

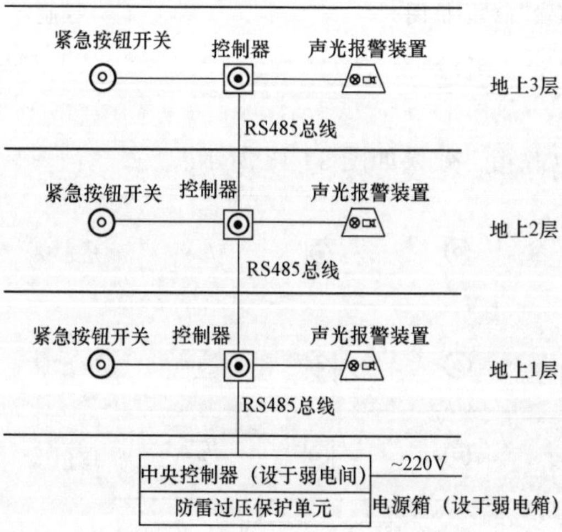

图 3-16　电源箱布置完成的示例

第 4 章　如何绘制防雷与接地电气工程图

4.1　如何绘制防雷电气工程图

在进行电气设计中，绘制防雷与接地电气工程图也是一项重要的工作。防雷接地分为两个概念：一是防雷，防止因雷击而造成损害；二是静电接地，防止静电产生危害。

4.1.1　接闪线设置

单击【平面设计】→【滚球防雷】→【接闪线设置】，出现如图 4-1 所示的“接闪线设置”对话框，可以设置接闪线的线型、宽度、颜色、支撑卡子参数。

4.1.2　绘制接闪杆

单击【平面设计】→【滚球防雷】→【接闪网】，根据提示来绘制接闪杆。

接闪杆设计分为三个阶段：首先是确定建筑物的防雷等级（可在年雷击次数计算中确定防雷类别），在平面上布置接闪杆位置，同时自动计算和绘制防护区域；其次，可在被保护物中构造建筑物和建筑物顶部的构筑物（如电梯间、水箱等）的三维实体，应用软件的三维观察功能，检测建筑物是否被接闪杆保护住；最后可以动态修改接闪杆参数和位置，以调整接闪杆的防护区域。

单击“接闪杆”，出现如图 4-2 所示的“防雷设计（滚球法）”对话框。

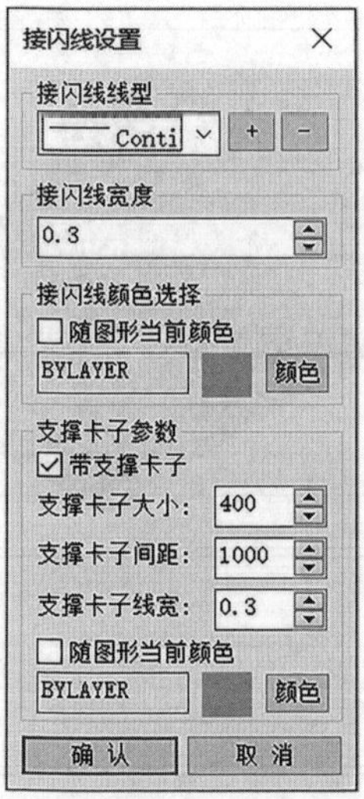

图 4-1 “接闪线设置”对话框

注：支撑卡子的大小为图上尺寸（单位：mm）。

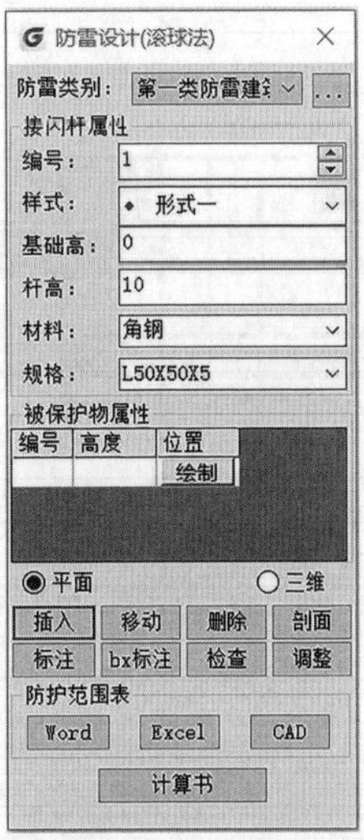

图 4-2 “防雷设计（滚球法）”对话框

接闪杆设计可以按以下步骤来进行。

(1) 设置【接闪杆属性】：这里主要是设置接闪杆的基础高和杆高，程序中用来计算的接闪杆的高度＝基础高＋杆高。

注：在防雷模块输入的高度值均为相对保护0平面的相对高度。

(2) 设置【被保护物属性】：输入编号和高度值（单位：m），在这里可以添加数个高度值，软件在绘制防护区域时，可以自动绘制出在这些高度上的防护区域；还可以点【绘制】，在平面图中绘制建筑物或构筑物的轮廓，构造柱状实体，可以模拟被保护物，绘制的被保护物高度为按钮前面的高度值。

(3) 单击【插入】布置接闪杆，接闪杆编号自动累加。

(4) 单击【调整】按钮，可以调整接闪杆。

接闪杆编辑＝DQ _ EditSpin

调整接闪杆参数P/调整保护范围D〈回车结束〉：

键入P，可以在【接闪杆属性】中输入新的接闪杆参数，然后单击要修改的接闪杆，完成接闪杆参数修改，同时自动更新防护范围。

键入D，平面显示出每个接闪杆的独立防护区域，可以拖拽调整，该接闪杆的高度变化在接闪杆属性中实时显示，确认完成修改，同时自动更新防护区域。

注：杆高不小于最高的被保护物高度，不大于防雷等级规定的滚球半径。

(5) 生成标注。

(6) 生成保护物剖面。

(7) 生成所需要的Word、Excel格式的计算书和防护范围表。

(8) 应用强电平面的统计功能可以统计出防雷的设备材料。

“平面和三维的视角切换”：用来观察防护区域和防护效果，非常直观，其设计效果如图4-3所示。

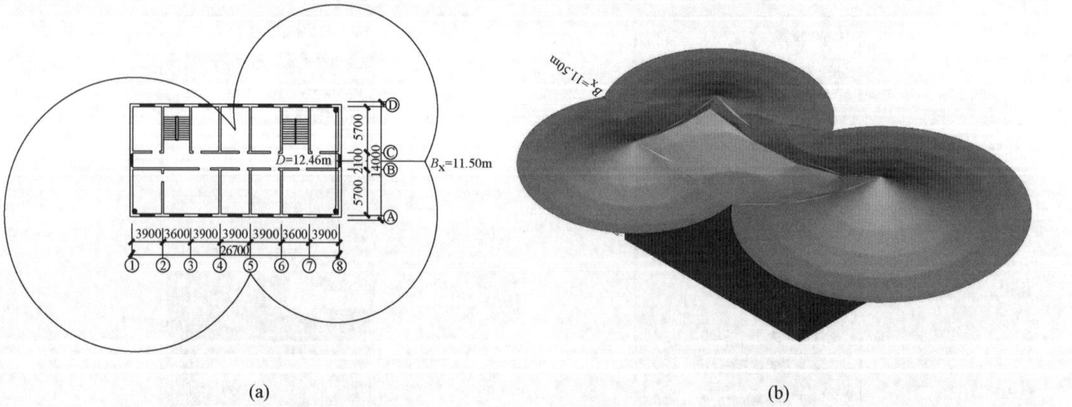

(a)　　(b)

图4-3　接闪杆的设计效果

(a) 平面图；(b) 三维图

勾选对话框下部的【三维】按钮，生成三维图形，可以从不同角度观察。如果看不见红色的被保护物，则说明接闪杆满足要求。单击【平面】按钮，可以显示平面图设计。

注：如果显示的三维图形中有红色的区域出现，则说明接闪杆没有完全保护住建筑物，需要切换到平面图状态，调整接闪杆的参数或位置使得被保护建筑物完全处于接闪杆的保护范围之内。如果调整后仍旧不能使建筑物处于接闪杆的防护范围之内，则可能需要添加新的接闪杆。

4.1.3　绘制接闪线

绘制接闪线的方法有两种，可以使用接闪网命令，也可以使用接闪线命令。

方法一：绘制接闪网

单击【平面设计】→【滚球防雷】→【接闪网】，绘制接闪网。“绘制接闪网”对话框如图 4-4 所示。

1. 选择方式

图中绘制接闪网的方式。

（1）自动搜索：自动搜索的选择方式搜索的是边界实体，选择实体的边界线就可以在这个边界区域生成接闪线，若边界实体为闭合，则可以生成闭合的接闪网。

（2）手工指定：手工指定若干个点组成一个闭合区域，在此区域中可生成接闪网。

图 4-4　“绘制接闪网”对话框

2. 偏移距离

它是指自动搜索或手工指定的边界基础上的偏移距离，在绘制时命令行会提示偏移方向，鼠标向边界内或外拖动，则生成的接闪网向内或向外偏移，其效果图如图 4-5 所示。

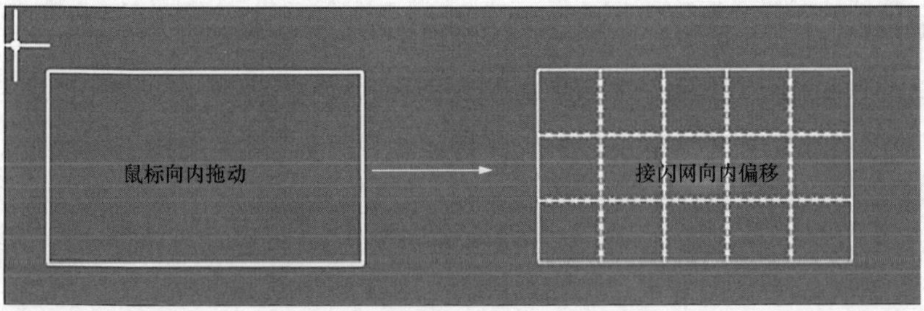

图 4-5　绘制“接闪网”效果图

3. 内部网格

勾选内部网格，可以选择防雷等级，根据等级筛选网格间距，绘制时接闪网自动按间距生成内部网格。

方法二：绘制接闪线

单击【平面设计】→【滚球防雷】→【接闪线】，绘制接闪线。依次选择起点、第二点、第三点、第四点及起点，单击【空格】，即可生成接闪线，效果如图 4-6 所示。

接下来绘制内部接闪线。单击【接闪线】，选择第一点和第二点，单击空格生成一条防雷线；同样的操作生成另外一条接闪线，效果如图 4-7 所示。

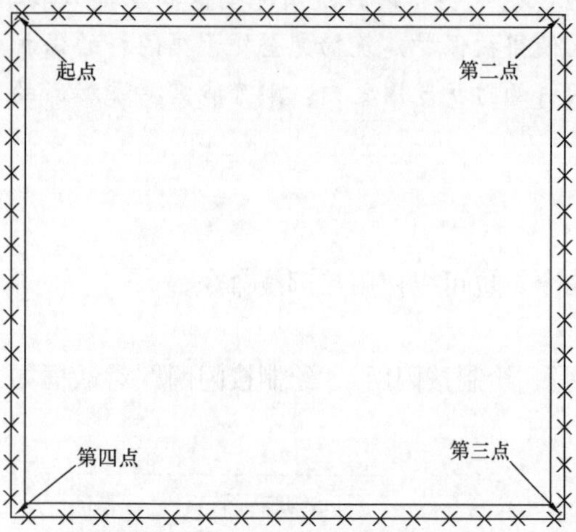

图 4-6 绘制接闪线的示例（一）

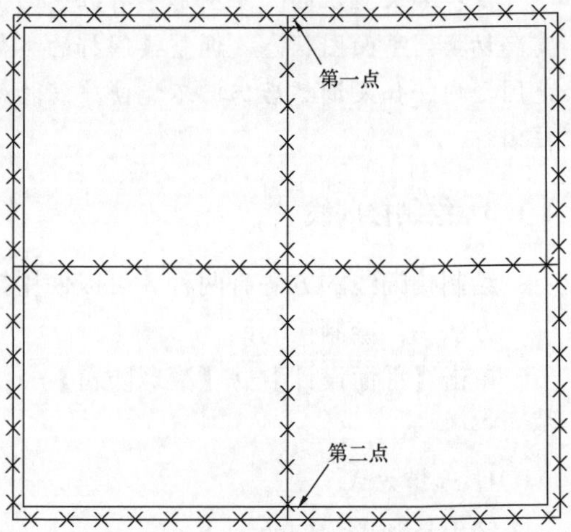

图 4-7 绘制接闪线的示例（二）

4.1.4 删接闪线

单击【平面设计】→【滚球防雷】→【删接闪线】，命令行提示：

请选择需删除的接闪线……

注：也可以用 CAD 软件的“Erase”命令删除，但删接闪线命令不会误删其他实体。

4.2 如何绘制接地电气工程图

4.2.1 接地设置

接地设置包括两种，“接地线设置”与“接地网设置”。

单击【平面设计】→【接地设计】→【接地线设置】，对接地线进行设置，包括材料、标注字高、颜色等。操作同接闪线设置。

单击【平面设计】→【接地设计】→【接地网设置】，设置“主接地网”“水平接地”功能里的接地线参数，如图 4-8 为“接地网设置”对话框。

添加新的接地线样式：首先在“名称”栏中输入新的接地线名称，然后选择“线型”及“线宽”，最后点击【添加】按钮可将新的接地线添加并保存。在【主接地网】及【水平接地】中即可选择新的接地线样式来进行绘制。

【接地线设置】：点击按钮来为接地线选择线型，可加载 CAD 及任何自定义线型。对话框中“上移”和“下移”按钮用来调整接地线的排序，即在绘制接地线时，下拉条中接地线型的显示顺序。

【接地极设置】：设置垂直接地极颜色及垂直接地极绘制比例，接地极“绘制比例”是指作为垂直接地极的块的插入比例，接地极在图中的具体尺寸＝图块尺寸×绘制比例×出图比例。

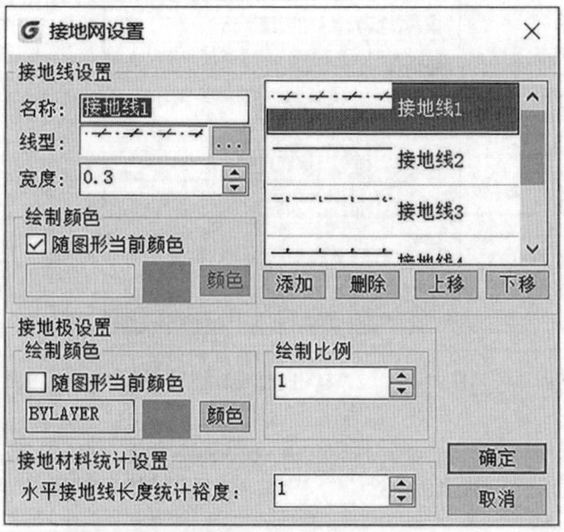

图 4-8 “接地网设置”对话框

4.2.2 绘制接地线

单击【平面设计】→【接地设计】→【接地线】，绘制接地线，依次选择起点、第一点、第二点、第三点、第四点及起点，单击【空格】，即可生成接地线，效果如图 4-9所示。

接下来绘制内部接地线，单击【接地线】，选择第一点和第二点，然后点击空格生成一条接地线，效果如图 4-10 所示。

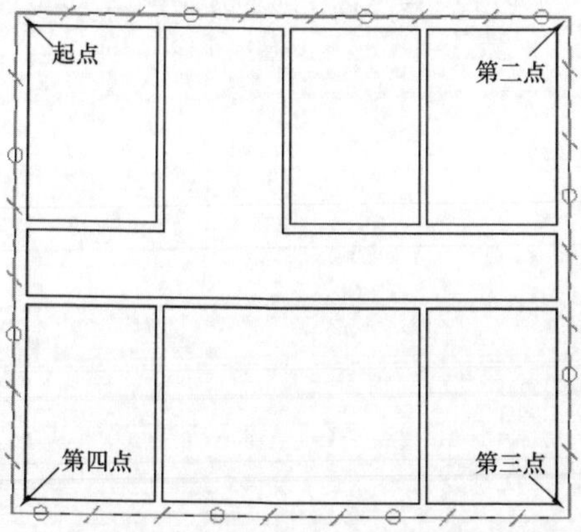

图 4-9 绘制接地线的示例图

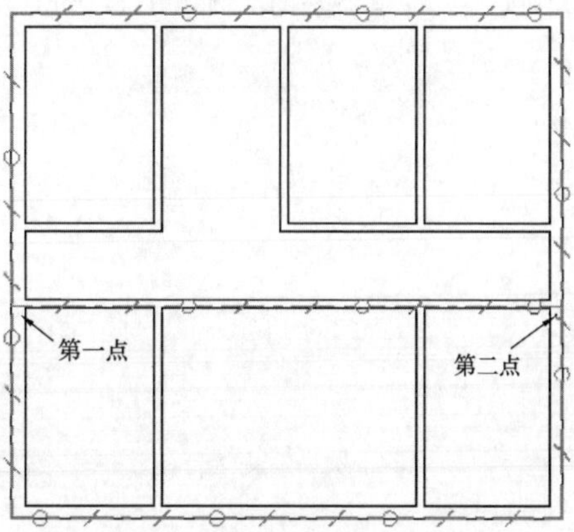

图 4-10 绘制接地线的示例

4.3 如何标注防雷接地网

单击【平面设计】→【滚球防雷】→【标注】，拾取接闪线，弹出标注设置对话框。

【平面设计】→【接地设计】→【标注】，拾取接地线或接地极，弹出标注设置对话框，如图 4-11～图 4-13 所示。

标注完成后的效果，如图 4-14 和图 4-15 所示。

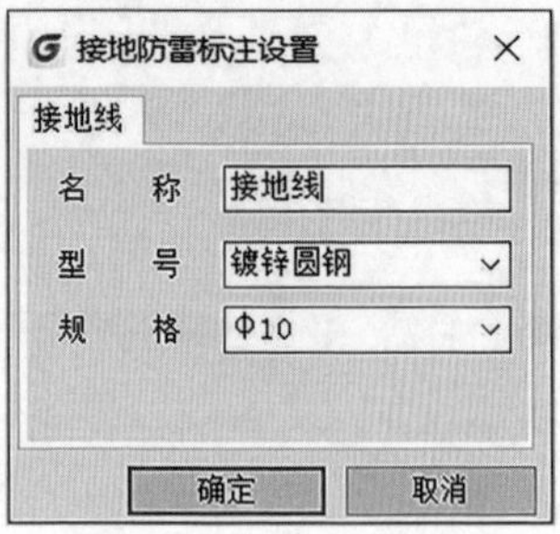

图 4-11 “接闪线标注”对话框

图 4-12 “接地线标注”对话框

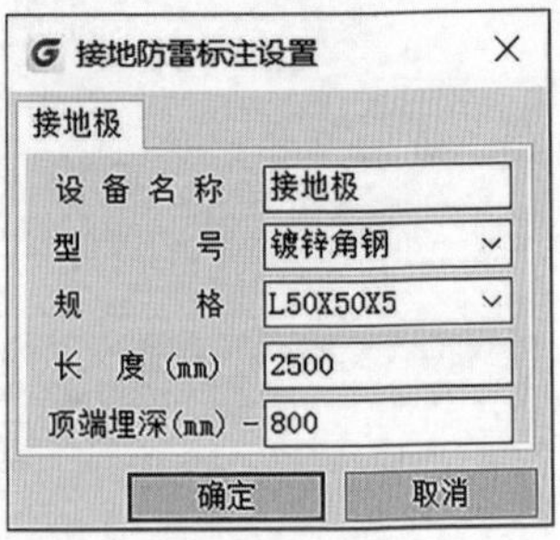

图 4-13 “接地极标注”对话框

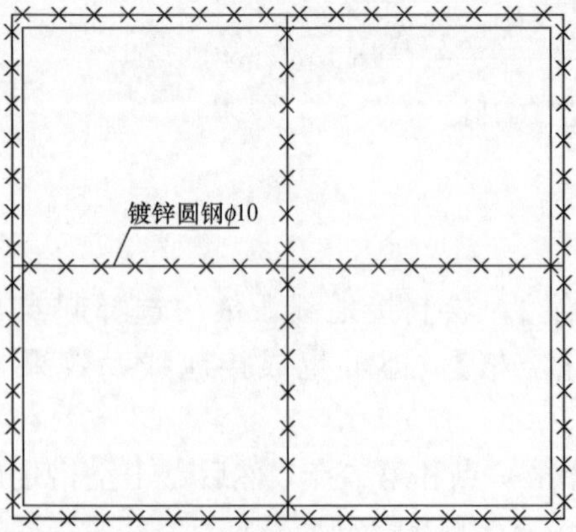

图 4-14 防雷标注的示例（单位：mm）

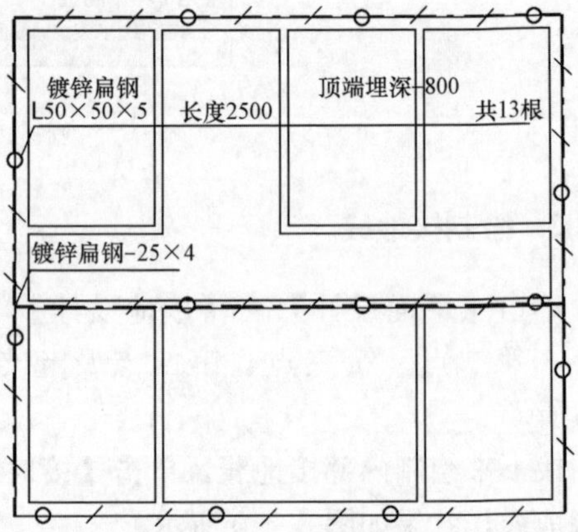

图 4-15 接地标注的示例（单位：mm）

第5章　如何绘制变配电室电气工程图

建筑工程中的变配电室是指专门容纳电气装置的建筑物。从建筑物来看，配电室是容纳电源设备等动力源、装备有控制装置等生产核心设备的场所。从这个意义上说，配电室是重要的建筑物。

本章主要讲述变配电室的设计。在建筑供电设计里，工程供电是最核心的问题，而变配电室的设计和变配电站的设计是建筑供电中最具有电气专业特色的部分，也是电气工程师所要掌握的最重要内容。

应用绘图软件绘制变配电室电气工程图的基本步骤如下：

(1) 绘制或调用变配电室建筑平面图。

(2) 在平面图中布置配电柜、变压器、桥架、电缆沟和线槽等。

(3) 绘制配电室剖面图。

5.1　变配电室建筑平面图

绘制变配电室建筑平面图通常有以下两种方法：

(1) 绘制配电室建筑平面图，这里就不介绍了。

(2) 调用已绘制好的配电室建筑平面图，打开图纸，如图5-1所示。

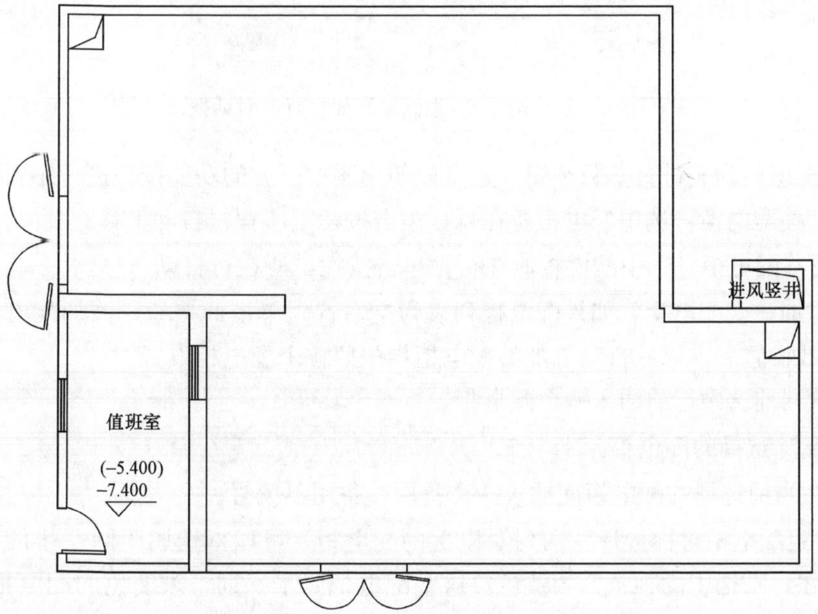

图5-1　配电室平面布置图

5.2 在平面图中绘制设备

5.2.1 绘制变配电室配电柜

1. 插电气柜

单击【平面设计】→【变配电室】→【电气柜】→【插电气柜】，弹出 5-2 所示“配电室/控制室平面布置”对话框。

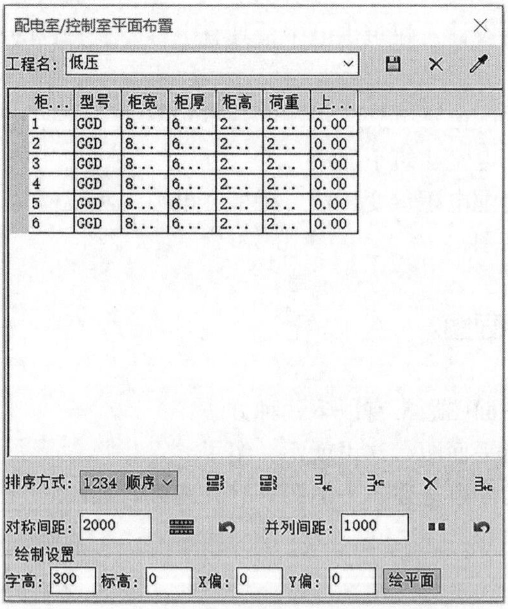

图 5-2 “配电室/控制室平面布置”对话框

可以在配电柜列表进行参数编辑，也可以使用图中下方的功能按钮进行编辑。

【 】上移配电柜，选中配电柜所在行，单击按钮，所在行自动上移。

【 】下移配电柜，选中配电柜所在行，单击按钮，所在行自动下移。

【 】添加一个配电柜，如果配电柜列表为空，首先单击此按钮，添加配电柜。第一个配电柜的参数设置后，以后自动添加的配电柜均按照首个配电柜设置。

【 】从当前选中行前插入一个配电柜。

【×】删除选择的配电柜。

【 】在当前选择的配电柜前插入一个备用，备用不编号。

【 】指定配电柜对称选择：两列及以上的配电柜，可以框选属于同一排的配电柜，然后单击该按钮，被选中的柜子变为黄色，这些配电柜属于一列，未变色的配电柜为另一列。图 5-3 所示为“配电室/控制室平面布置”对话框，图 5-4 所示为平面布置。

【 】指定配电柜并列间距：两个配电柜之间需要作为过道或者插入备用等情况，可以设置并列间距。如图 5-5 所示，在 8、9 号柜子间留出 2m 间距，图 5-6 所示为平面布置。

【 】取消各自对应按钮功能。

【绘制平面】单击绘制平面布置图，注意此时不要选中某行柜子，否则只能布置该行柜子的平面图。若想所有柜子全部生成，则应确保所有柜子全被选中或全部未选中。

【排序方式】指配电柜的排序方式，选择排序方式后，以上按钮的操作都按照该排序方式处理。

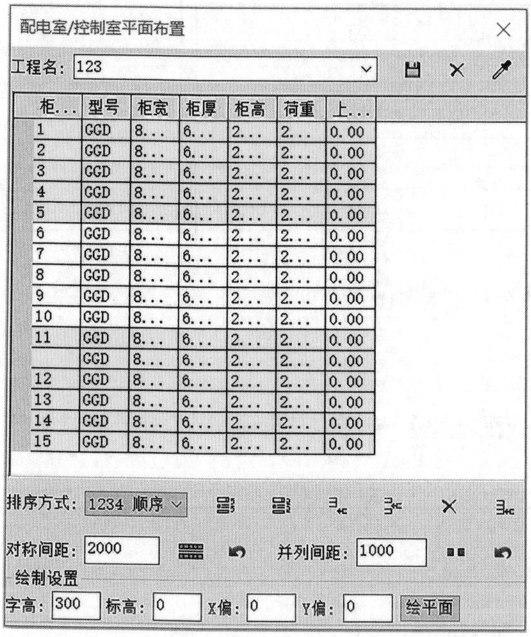

图 5-3 “配电室/控制室平面布置”对话框

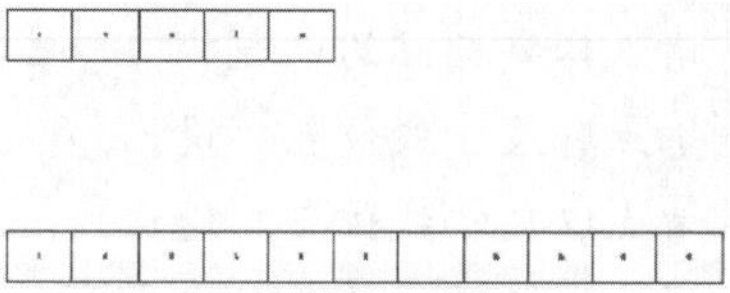

图 5-4 平面布置

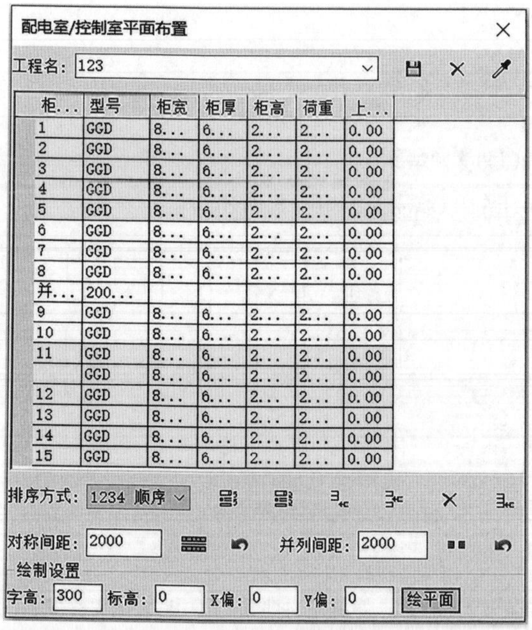

图 5-5 “配电室/控制室平面布置”对话框

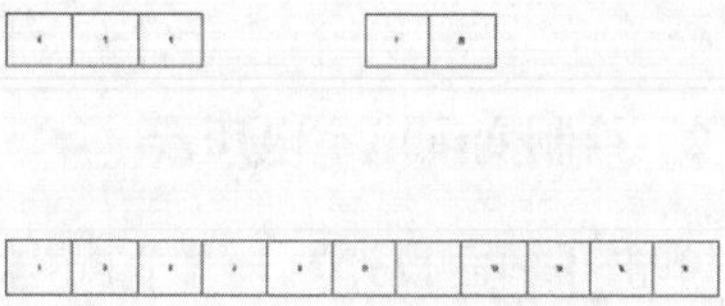

图 5-6 平面布置

【绘制设置】“X偏移”“Y偏移”，一般布置以某一处为基点，比如墙角，可以认为X/Y为举例墙角的X方向与Y方向距离。

按照图5-2对话框所示设置参数，单击“绘制平面”按钮，捕捉端点生成配电柜，如图5-7所示。

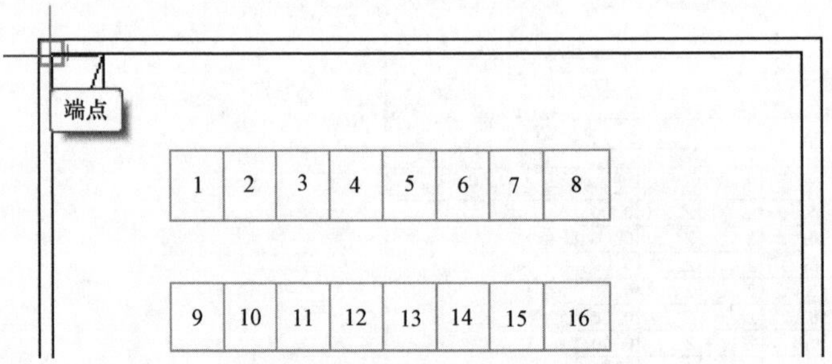

图5-7 电气柜平面布置

2. 标注电气柜

(1) 标注柜子。单击【平面设计】→【变配电室】→【电气柜】→【柜子标注】。命令行提示：

请选择要标注的电气柜〈退出〉：

请点取尺寸线位置〈退出〉：

请点取尺寸线位置〈退出〉：

标注后的效果如图5-8所示。

(2) 逐点标注。单击【平面设计】→【变配电室】→【电气柜】→【逐点标注】。命令行提示：

起点或【参考点(R)】〈退出〉：

第二点〈退出〉：

请点取尺寸线位置〈退出〉：

请输入其他标注点或【撤消上一标注点(U)】〈结束〉：

依次单击“定位点”，即可进行标注，标注后的效果如图5-9所示。

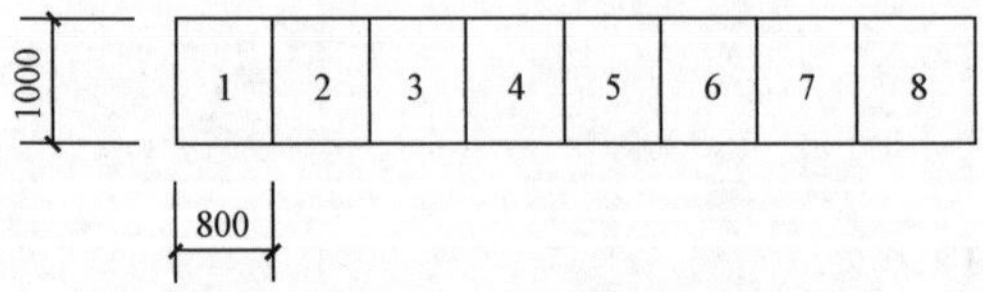

图5-8 标注电气柜（单位：mm）

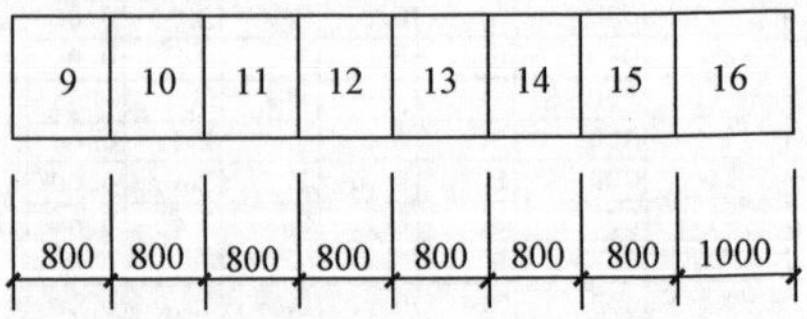

图5-9 逐点标注电气柜（单位：mm）

5.2.2 绘制变配电室电压器

单击【平面设计】→【变配电室】→【绘变压器】，弹出如图5-10所示的“变压器选型管理”对话框。

【绘制】绘制自定义的平、断、侧面及三维图。

【扩充】已有图块扩充，选择图中已有的块，指定绘制基点，即可入库。

【】添加变压器型号。

【×】删除当前选中的变压器。

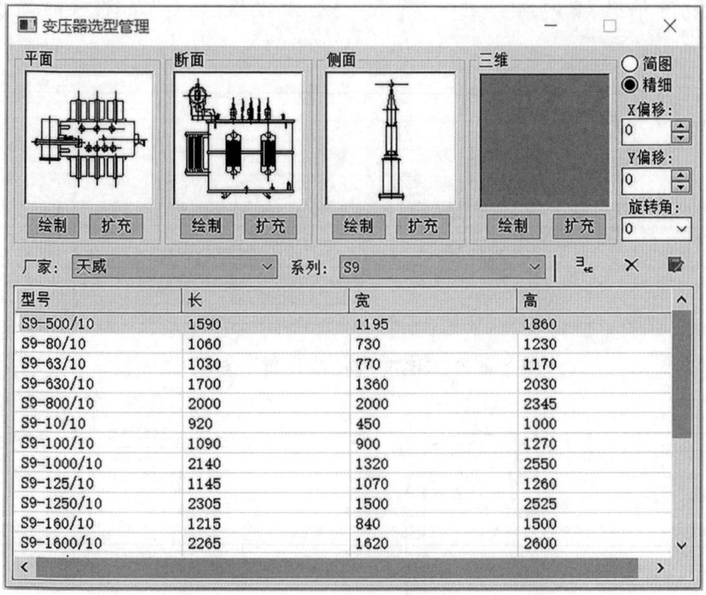

图 5-10　“变压器选型管理”对话框

【】编辑当前选中的变压器。

按照图 5-10 对话框所示设置参数，单击平面的【绘制】按钮生成变压器，如图 5-11 所示。

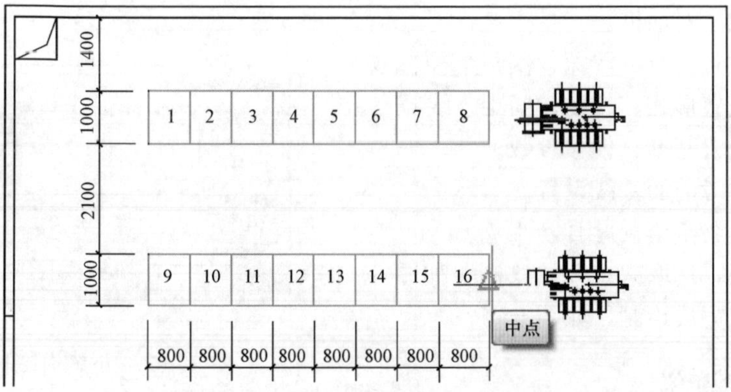

图 5-11　变压器示例（单位：mm）

5.2.3　绘制电缆沟

电缆沟绘制之前需要对基线进行设置，以便更好地绘制电缆沟。

1. 基线设置

基线概念：电缆沟绘制时，实体的中心线。

单击【平面设计】→【变配电室】→【电缆沟】→【基线设置】，弹出如图 5 - 12 所示的“电缆沟基线设置”对话框。

该功能可以设置基线颜色和线型。图 5 - 13 为“基线关”，图 5 - 14 为“基线开”的情况。

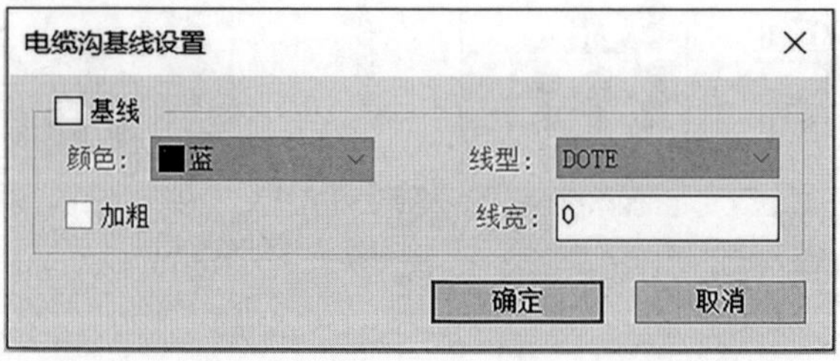

图 5 - 12　“电缆沟基线设置”对话框

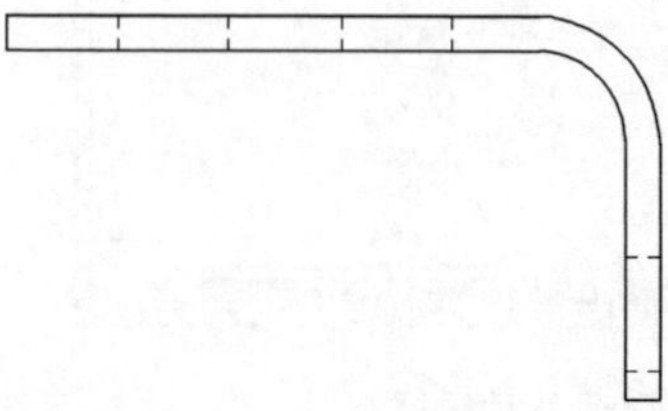

图 5 - 13　基线关

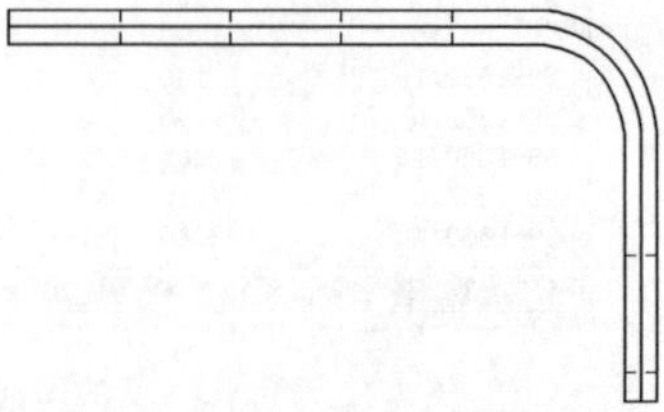

图 5 - 14　基线开

2. 绘制电缆沟

单击【平面设计】→【变配电室】→【电缆沟】→【绘电缆沟】，弹出如图 5 - 15 所示的“电缆沟绘制”对话框。

【沟体】：设置沟宽、沟深、倒角半径参数。

【支架】：设置形式、长度、间距、线宽参数。

【绘制】：设置基准、偏移参数。

【基线】：参考前面基线设置。

注：电缆沟拐角绘制时自动生成。

执行该命令，选取起点开始绘制，如图 5 - 16 所示，逐点选取完成绘制，如图 5 - 17 所示。

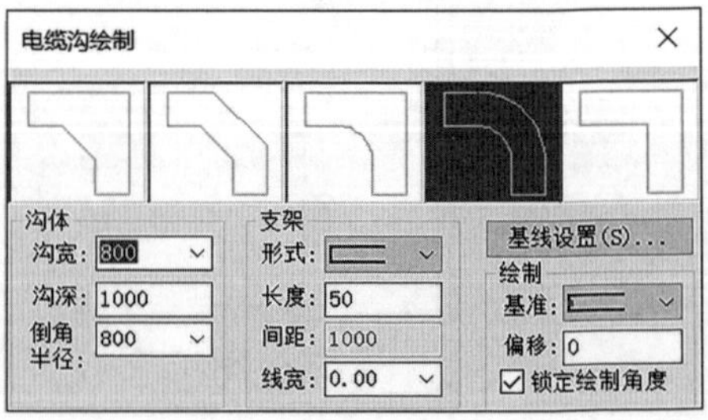

图 5 - 15　“电缆沟绘制”对话框

5.2.4　绘制三维桥架

1. 桥架设置

单击【平面设计】→【三维桥架】→【桥架设置】，出现如图 5 - 18 所示的“桥架设置”对话框。

【构件样式】：绘制直通桥架时是否显示分段以及分段尺寸。

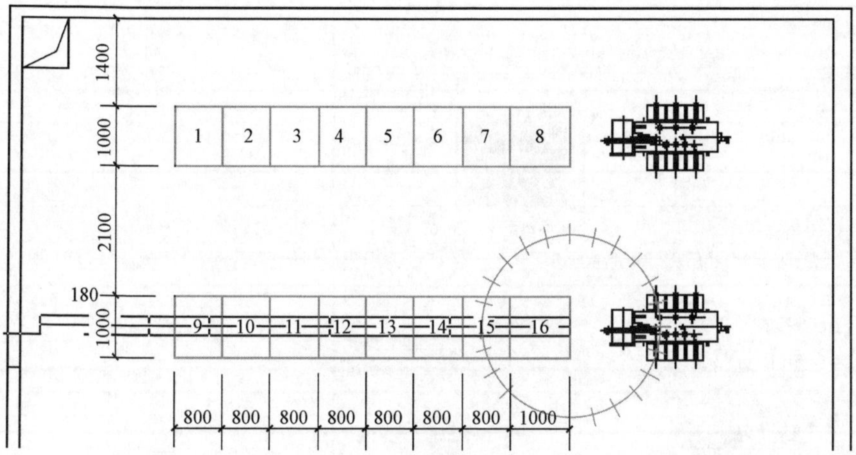

图 5-16　开始电缆沟绘制（单位：mm）

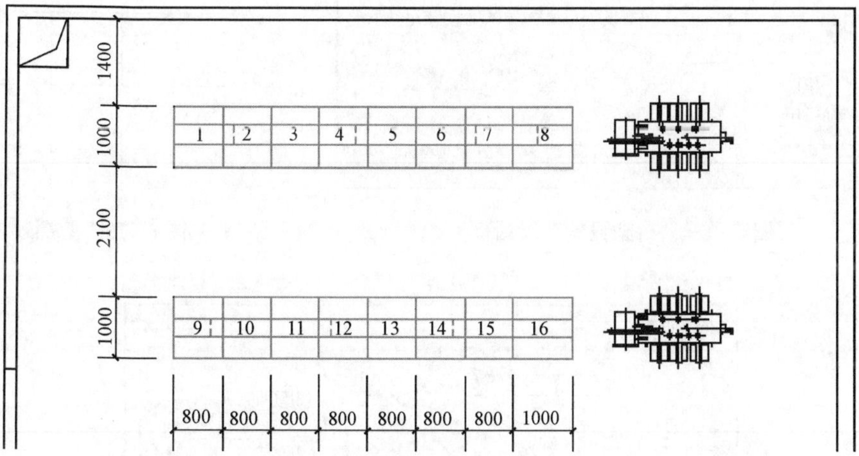

图 5-17　完成电缆沟绘制（单位：mm）

【遮挡】：当不同标高的桥架在图面上有交叠时，会出现上层遮挡下层桥架的情况。此时可以设置是否属于遮挡或者是否显示遮挡线，以及遮挡线颜色、线型及延伸长度。例如，设定遮挡延伸 200mm，如图 5-19 所示。

【基线】：设定基线颜色、线型、线宽、加粗。

【绘制】：绘制桥架时可以勾选的桥架选项。

【刻度盘设置】：可以设置刻度盘颜色和直径，如图 5-20 所示。

2. 绘制桥架

单击【平面设计】→【三维桥架】→【绘制桥架】，弹出如图 5-21 所示的“绘制桥架”对话框。

【】：添加一行桥架数据。

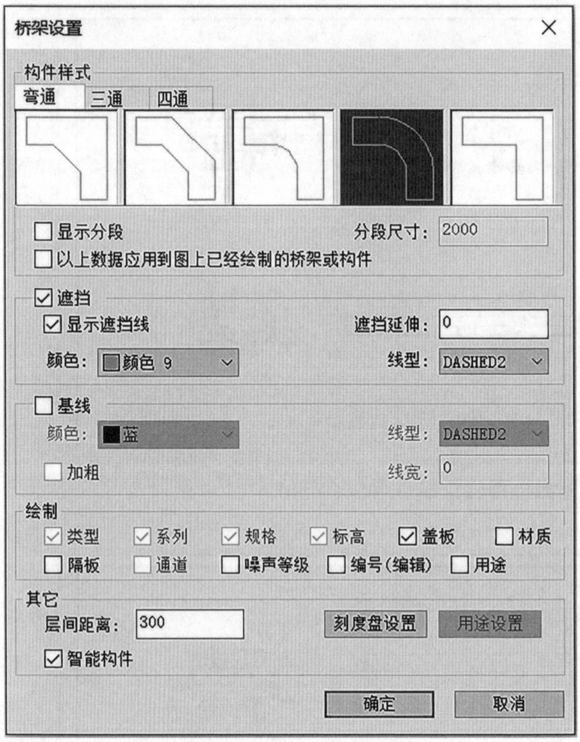

图 5 - 18　“桥架设置”对话框

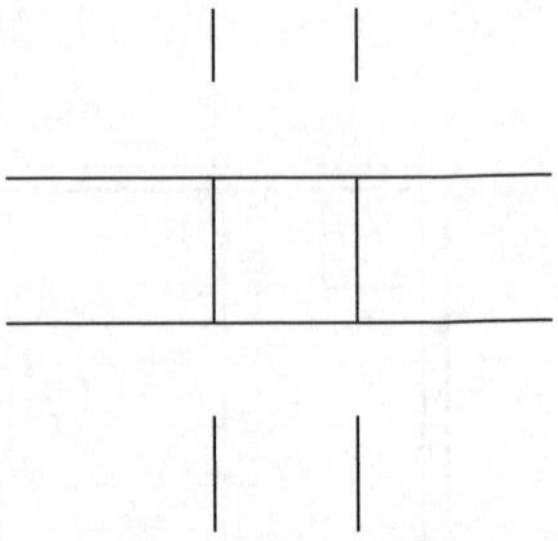

图 5 - 19　遮挡效果

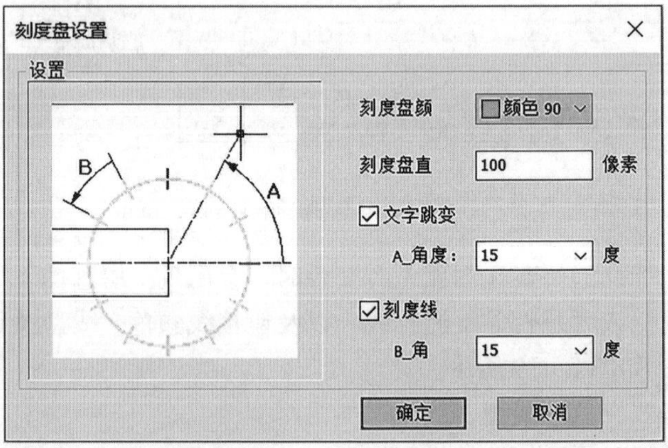

图 5 - 20　刻度盘设置

注：以上所有设置都可以修改本图已有桥架。

【】：删除一行桥架数据。

【】：桥架规格计算，单击进入如图 5 - 22 所示的界面。

已知电力电缆各个截面的电缆直径，可以指定桥架类型，输入电缆根数，给定桥架截面的填充率，单击【计算】，软件自动计算出总的电缆面积、桥架截面积、电缆横排所需总宽度、桥架规格。

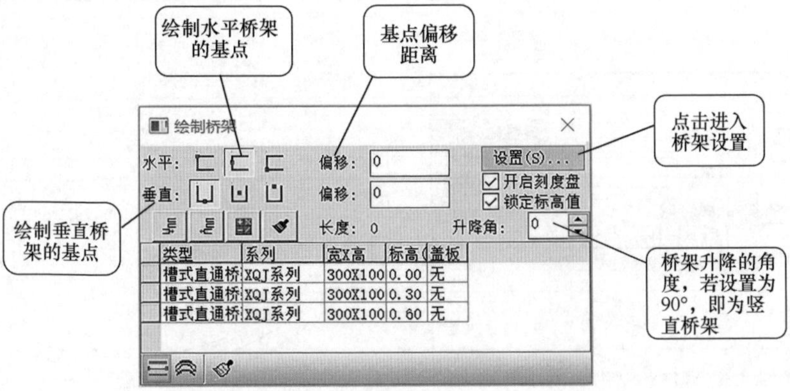

图 5-21　“绘制桥架”对话框

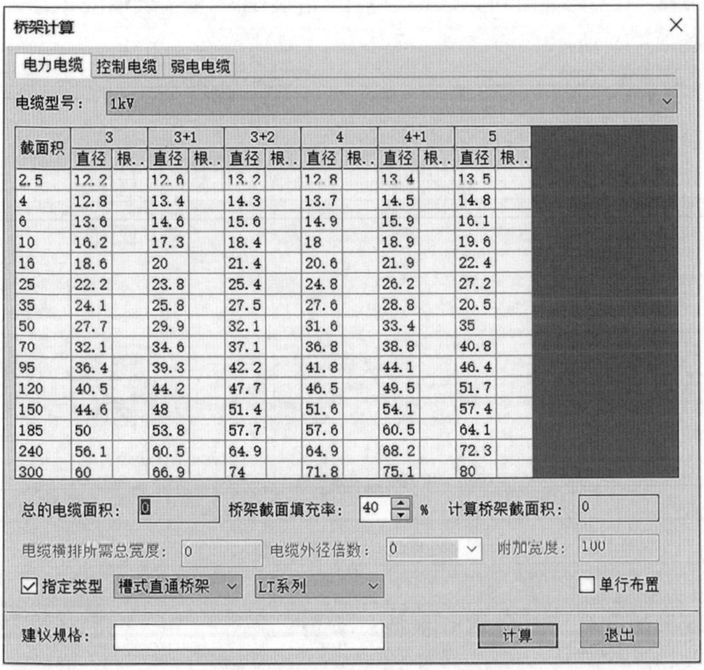

图 5-22　“桥架计算”对话框

【选择】：选择图面上绘制的一段桥架，参数框中显示桥架参数，如图 5-23 所示。

【直线】：绘制直线桥架。

【圆弧】：绘制圆弧桥架。

命令行提示：

输入起点：

请点取弧形桥架终点【回车（U)】〈取消〉：

请点取弧形桥架上任意一点或【半径（R)】：

输入“*R*”可以指定弧形桥架半径，绘制后如图 5-24 所示。

【 】：选择一段直线、弧线、多段线路径自动生成桥架，单击灰色弧线，自动生成红色桥架。

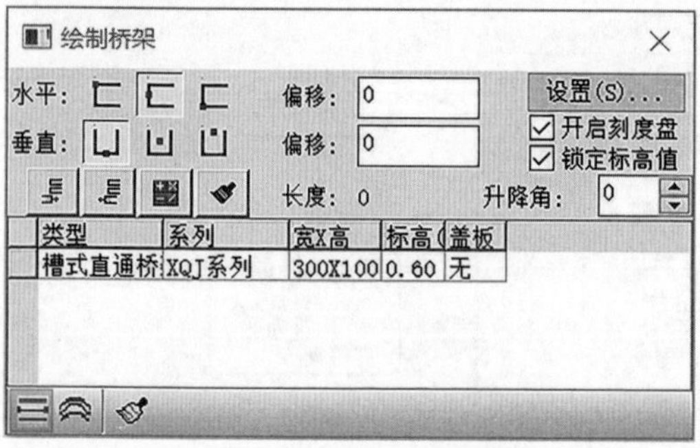

图 5-23　“绘制桥架”对话框

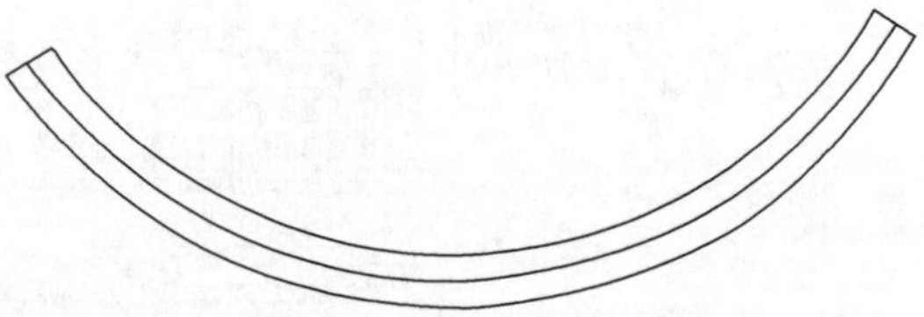

图 5-24　绘制圆弧桥架

绘制桥架的方法与电缆沟相同，选取起点开始绘制，逐点选取完成绘制，软件自动生成弯头和三通，如图 5-25 所示。

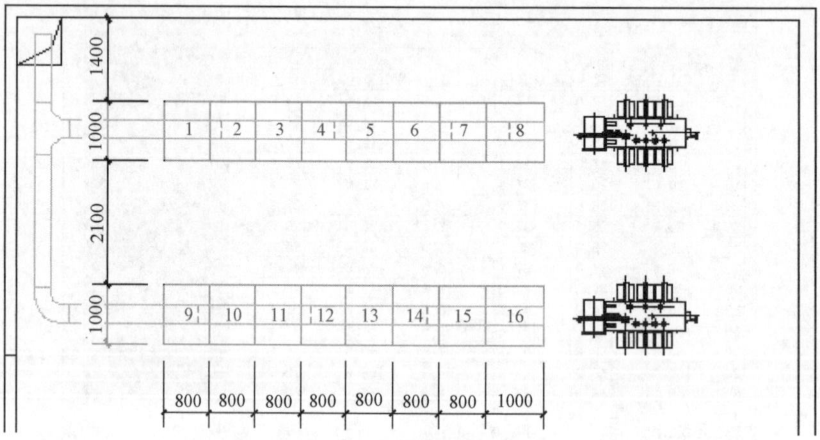

图 5-25　绘制桥架

注：桥架参数框中可以选择类型、系列、宽高、标高，也可以手动输入，软件提供了强大的桥架及构件数据库。

5.3　绘制电室剖面图

以浩辰电气软件为例，通常可提供两种绘制电室剖面图的方法：电室平剖和电室剖面。电室平剖就是通过参数设置来生成平面图和剖面图；电室剖面就是通过绘制剖切线和指定剖切方向来生成剖面图。下面逐一介绍。

5.3.1　电室平剖

单击【平面设计】→【变配电室】→【电室平剖】，弹出如图 5-26 所示的“配电室/控制室平面布置”对话框。

单击【电缆沟类型设置】，得到如图 5 - 27 所示的“电缆沟类型设置”对话框，软件提供高压柜、低压柜、电容柜和电缆夹层几种类型的电缆沟方案及自定义功能。

图 5 - 26　“配电室/控制室平面布置”对话框

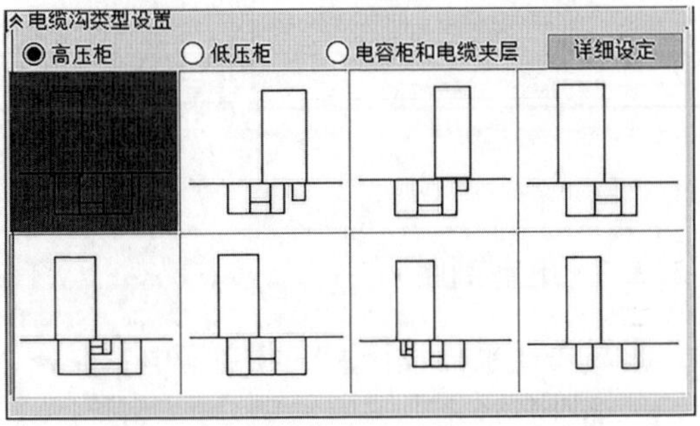

图 5 - 27　“电缆沟类型设置”对话框

单击【详细设定】按钮，得到如图 5 - 28 所示的“电缆沟详细设定”对话框。左侧上下为立面图及平面图。右侧为参数设置区，可以新建方案并【 】保存，做自己需要的电缆沟。

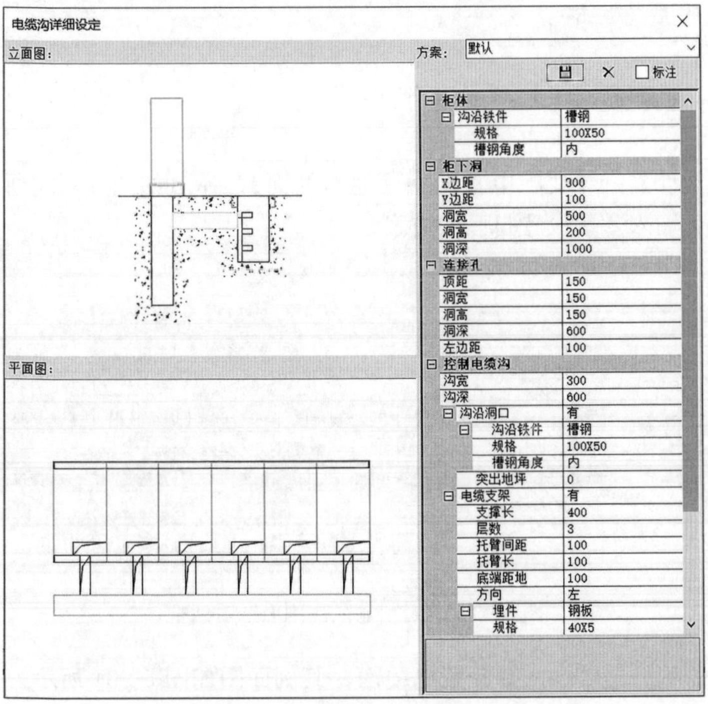

图 5 - 28　“电缆沟详细设定”对话框

方案设定好并保存后，可以关闭该窗口，返回电室平剖主界面，选中电缆沟类型，单击【绘制立面】，电室剖面自动绘制出来，确定位置点，进行放置，如图 5-29 所示。

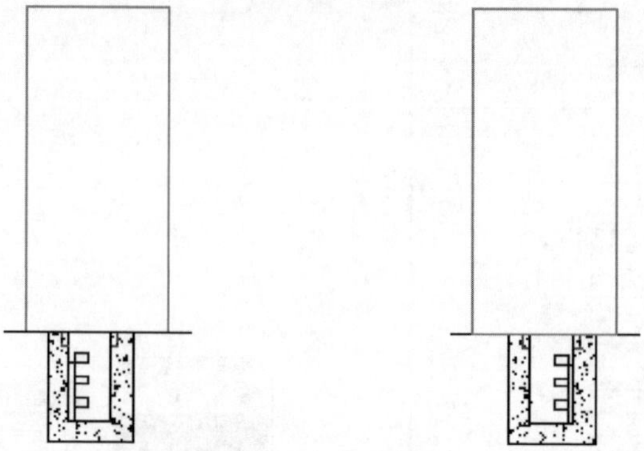

图 5-29 电室剖面

5.3.2 电室剖面

单击【平面设计】→【变配电室】→【电室剖面】。

命令行提示：

请输入剖切号〈1〉：

请输入第一个剖切点〈退出〉：

请输入第二个剖切点〈退出〉：

请输入剖切方向〈当前〉：正在重生成模型；

请点取放置位置〈退出〉：

5.4 绘制地沟剖面图

单击【平面设计】→【变配电室】→【地沟剖面】，弹出如图 5-30 所示的“绘制电缆沟剖面”对话框，输入参数设置自己的方案。

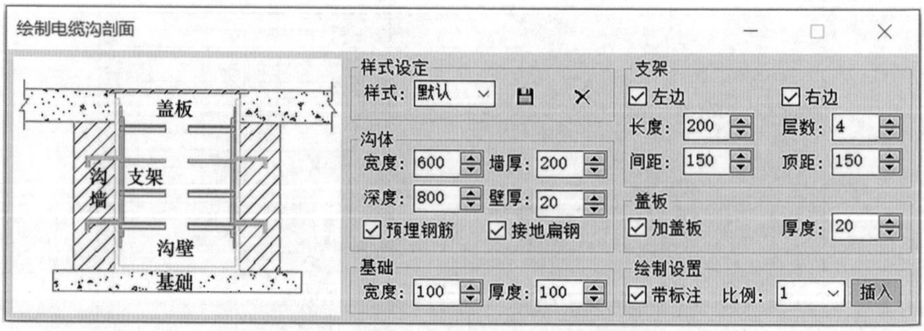

图 5-30 “绘制电缆沟剖面”对话框

设置相关参数后点击【插入】布置电缆沟，其剖面图如图 5-31 所示。

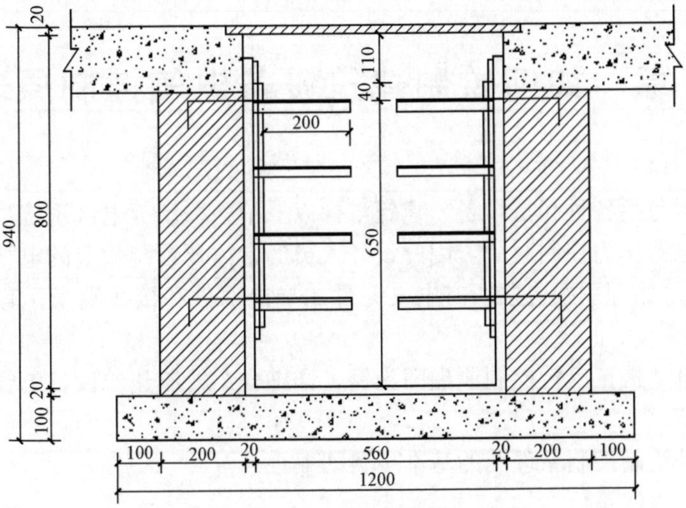

图 5-31　电缆沟剖面图（单位：mm）

第 6 章　如何绘制建筑设备电气控制原理图

建筑电气一般包括各种起重设备、建筑电梯以及消防联动等电气系统，主要是以各类电动机或其他执行电器作为控制对象，因此设计人员经常需要绘制相应的电气控制系统图（即电气原理图）。电气原理图中包括所有电气元件的导电部件和接线端子，有的线路简单，有的很复杂。

本章以绘制电动机正反转控制原理图为例，详细介绍绘制建筑设备电气控制原理图的操作步骤和绘图技巧。

应用绘图软件绘制控制原理图的基本步骤如下：

（1）绘制一次主回路。

（2）绘制控制原理图。

（3）标注原理图。

6.1　如何绘制电动机正反转控制原理图

6.1.1　绘制一次主回路图

单击【控制原理图】→【一次主回路】，弹出如图 6-1 所示的“主回路”对话框。

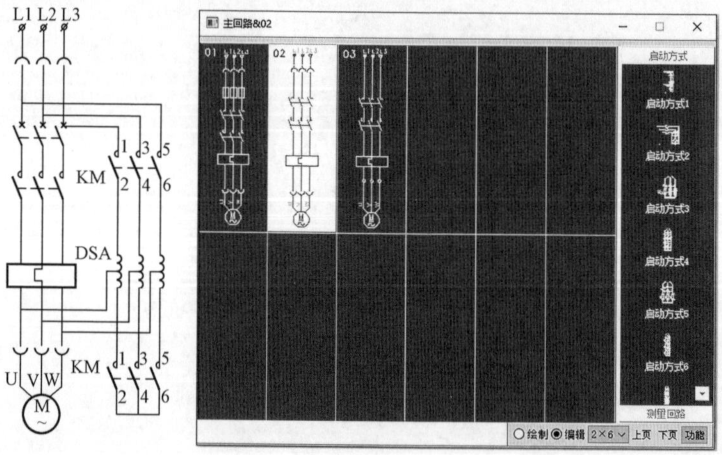

图 6-1　“主回路”对话框

软件中提供了一些主回路方案和启动方式，在下面的按钮选项中，勾选【绘制】，点取主回路方案，并在屏幕上点取绘制点，可以绘制出选择的主回路，然后可以在对话框右侧选择一个启动方式，软件自动在刚绘制的一次主接线中增加该部分内容。其中【功能】按钮，可以显示或关闭启动方式等选项。

如果现有方案不能满足需要，可以修改或增加方案到主回路方案库中，方法如下：

在对话框中勾选【编辑】选项，单击空表主回路方案，弹出主回路编辑对话框，按照如图 6 - 2 所示的对话框增加新的主回路方案。具体方法是选择右侧的符号，然后单击左侧任意位置插入元件，全部元件插入完成后单击确定，即可组合成为新的一次主回路方案，以方便下次调用。

还可以在上面主对话框中，右键已有方案，弹出菜单，然后用复制和粘贴，添加一次方案单元，然后采用上述方法修改，形成新的一次主回路方案。

拾取一点作为主回路的插入点，单击刚才增加的方案即可生成一次主回路方案，如图 6 -3 所示。

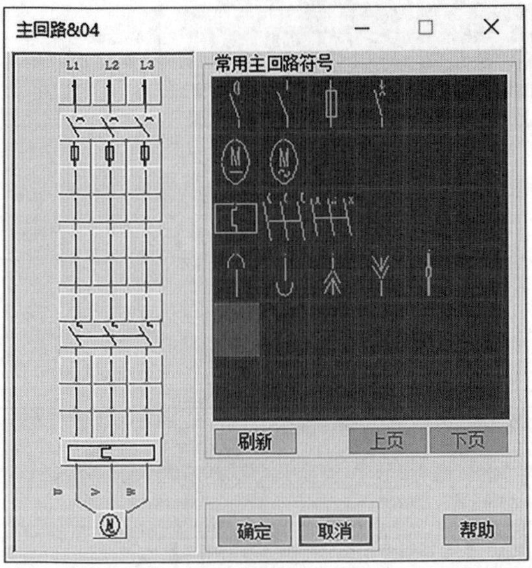

图 6 - 2　“主回路编辑”对话框

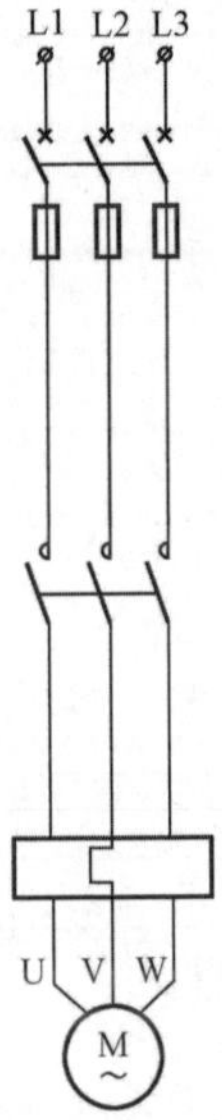

图 6 - 3　主回路示例

6.1.2　绘制原理图

单击【控制原理图】→【自由绘制】，弹出如图 6 - 4 所示的“自由绘制原理图”对话框。

绘制方法类似于用 CAD 绘制直线，可以边绘制回路，边点击对话框中的图块插入符号，并自动切断连线。插入符号的名称见表 6 - 1，绘制完成效果如图 6 - 5 所示。

表 6 - 1　　插入符号的名称

序号	代号	名称	型号	规格	数量
1	M	三相异步电动机	Y112M - 4	4kW、380V、△接法、8.8A、1440r/min	1
2	QS	组合开关	HZ10 - 25/3	三极、25A	1
3	FU1	熔断器	RL1 - 60/25	500V、60A、配熔体 25A	3
4	FU2	熔断器	RL1 - 15/2	500V、15A、配熔体 2A	2
5	KM1、KM2	接触器	CJ10 - 10	10A、线圈电压 380V	2
6	FR	热继电器	JR16 - 20/3	三极、20A、整定电流 8.8A	1
7	SB1—SB3	按钮	LA10 - 3H	保护式、380V、5A、按钮数 3 位	3

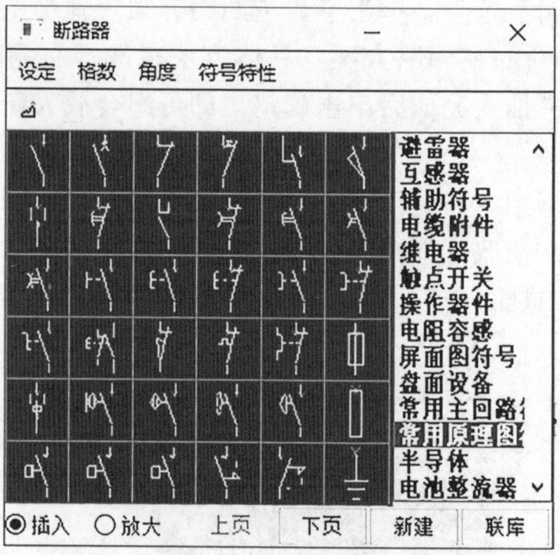

图 6-4 “自由绘制原理图”对话框

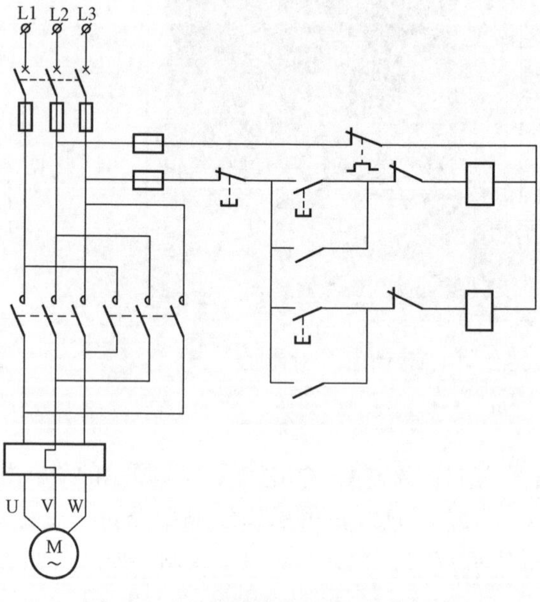

图 6-5　自由绘制原理图的示例

6.1.3　标注原理图

单击【控制原理图】→【标注】→【代号标注】，框选设备，弹出“元件标注”对话框，然后输入代号元件，单击【标注完成】，如图 6-6 所示。

主回路需要逐一选择元件进行标注，原理图则可以通过框选元件，软件自动逐一提示标注。对于标注过的元件，也可以通过此功能修改。

元件代号、型号规格都引入了默认值系统，即自动记忆上次操作对该类元件的标注值，可以选择。标注完成效果如图 6-7 所示。

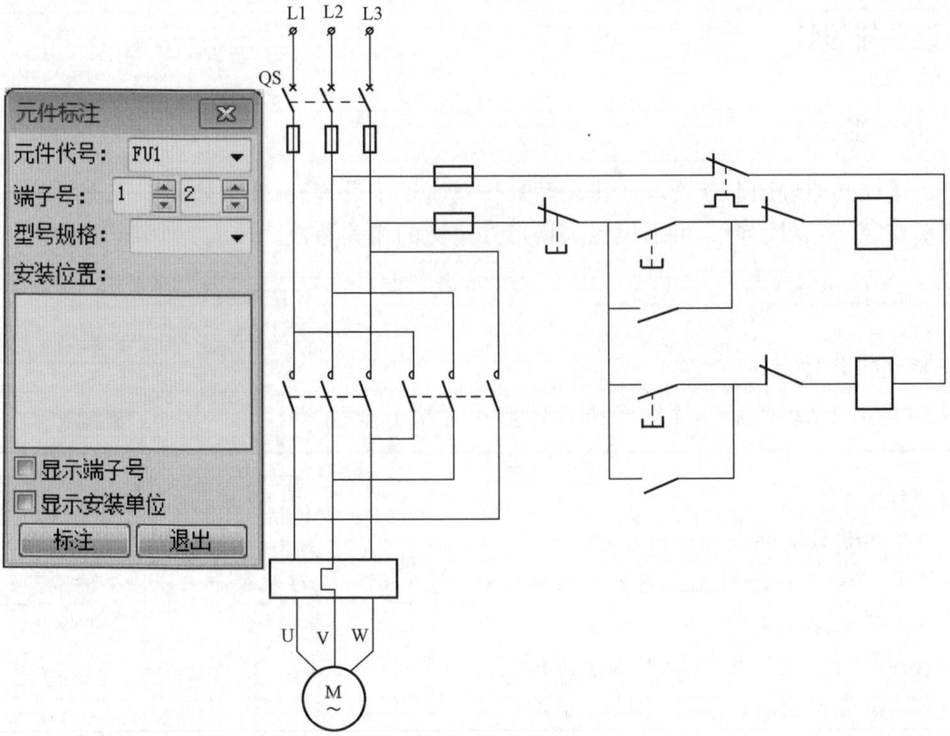

图 6 - 6　自由绘制原理图的示例

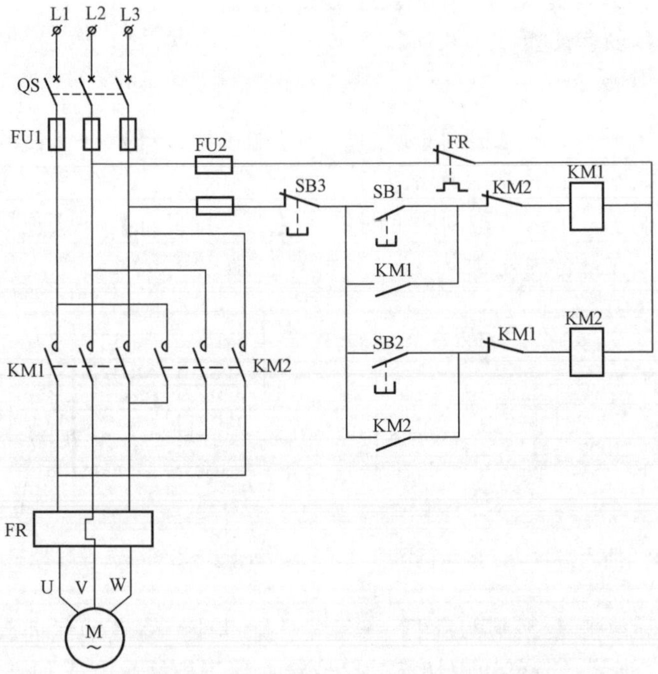

图 6 - 7　接触器联锁的正反转控制热继电器保护电路图

6.2　端子排设计

6.2.1　端子排设置

单击【控制原理图】→【端子排设计】→【端子排设置】，弹出如图6-8所示的“端子排绘制形式定义”对话框，可以设置表格形式定义的相关参数。

6.2.2　端子排设计

1. 端子排设计

单击【控制原理图】→【端子排设计】→【端子排设计】。

命令行提示：

＊端子排设计＊＝DzpDesign

设置S/请输入端子排左上角点＜回车结束＞：

请输入安装单位名称＜回车结束＞：＊＊

起始行号[1]：设置S/请输入端子排行数：

输入端子表行数后，程序自动绘制端子表，可连续输入安装单位和行数，可生成多个安装单位的端子表。可以随时可键入S，设置本安装单位的起始序号。

注：在此操作开始，键入S，可对端子排形式，表格尺寸和表格、字体颜色设置。

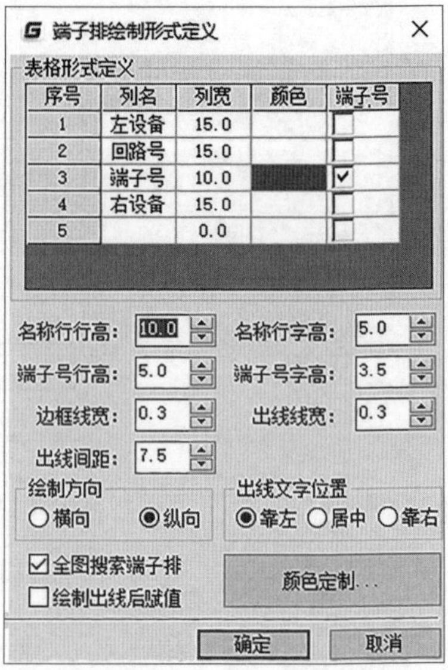

图6-8　“端子排绘制形式定义”对话框

2. 插入端子和地线

(1) 插入试验端子。单击【控制原理图】→【端子排设计】→【试验端子】，在所点取的一行内插入试验端子，如图6-9所示。

(2) 插入连接端子。单击【控制原理图】→【端子排设计】→【连接端子】，输入连接端子的起点和终点（在一行内任意点一点），如图6-10所示。

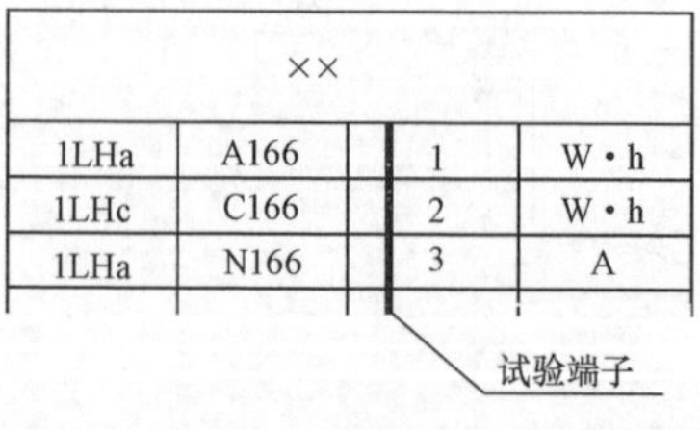

图6-9　插入实验端子的示例图

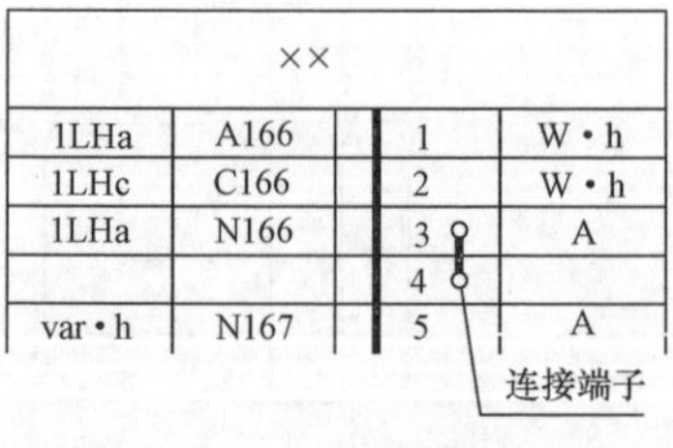

图6-10　插入连接端子的示例

(3) 地线插入。单击【控制原理图】→【端子排设计】→【地线插入】，点取接地线所在的行，如图6-11所示。软件可以切换插入位置在端子排的左侧或右侧，程序在点取的表格行的左侧或右侧插入地线。

3. 电缆出线

单击【控制原理图】→【端子排设计】→【电缆出线】。

命令行提示：

命令：dzpdlcxlisp

选择出线端子<回车结束>：

选择同一根电缆出线的端子，在相关的端子行内任意点取一点，显示红色。

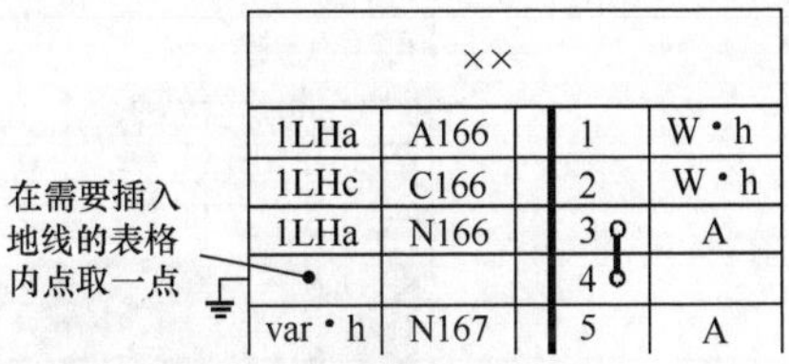

图 6-11 插入地线的示例

选择完所有出线端子后，回车结束出线端子选择。

切换绘制方式 S/请确定出线位置：

电缆出线的绘制方法有两种，一种是利用键盘手工输入出线的各类参数，另一种是通过鼠标拖动选择。可左右拖动鼠标，定义出线在端子排左侧或右侧及具体位置，上下拖动鼠标，定义出线向上或向下。

在上面命令行的提示中，键入“S”，切换到手工输入电缆位置。“出线标尺”严格遵循绘图规范，即每个单位为 8mm，利用标尺电缆出线绘制将准确而且快捷，如图 6-12 所示。

注：同一行端子最多只能引出两根电缆。

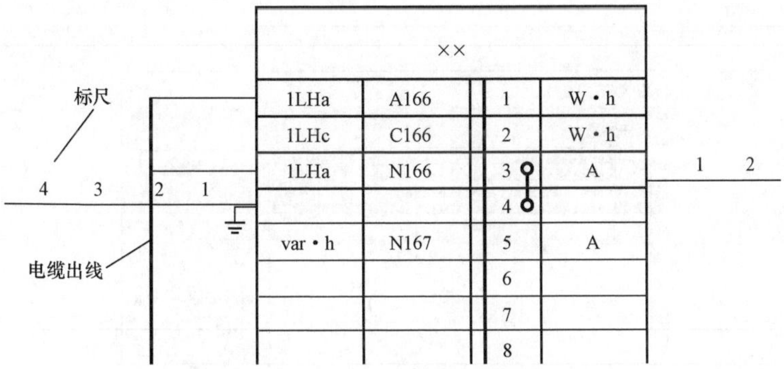

图 6-12 电缆出线的示例

4. 电缆赋值

单击【控制原理图】→【端子排设计】→【电缆赋值】。

命令行提示：

命令：dzpdlfzlisp

请选择要赋值的电缆<回车结束>：

框选所有需要赋值的电缆，弹出如图 6-13 所示的“电缆赋值”对话框。可以通过对话框修改此根电缆的信息，单击【查看】按钮来查看该行电缆信息所对应的电缆，该电缆会在图面闪烁显示。

注：(1) 软件会自动检测电缆芯数是否大于相连的端子数。

(2) 电缆赋值是“端子排校验”和“生成电缆清册”的基础，在此将电缆出线的信息赋给电缆后，则在后期可自动进行端子排校验和自动生成电缆清册。

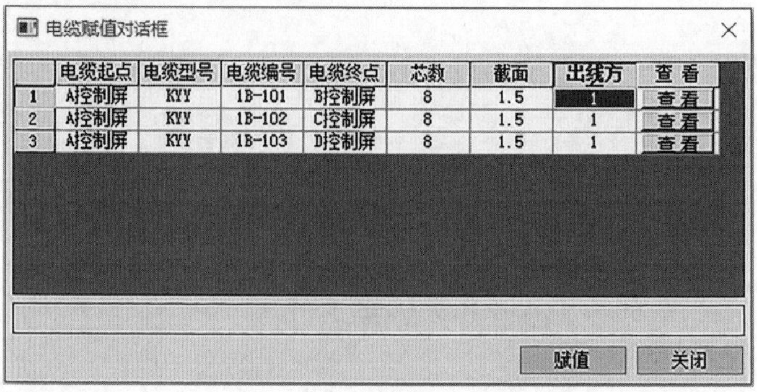

图 6-13 “电缆赋值”对话框

5. 绘制电缆清册

单击【控制原理图】→【端子排设计】→【绘制电缆清册】，弹出如图 6-14 所示的“绘制电缆清册”对话框。

【文件选择】：单击此按钮，弹出选择文件对话框，用来选择要合并统计电缆的 DWG 文件。

【输出电缆清册按钮】：单击此按钮，程序根据的选择，自动统计电缆信息，并绘制电缆清册。

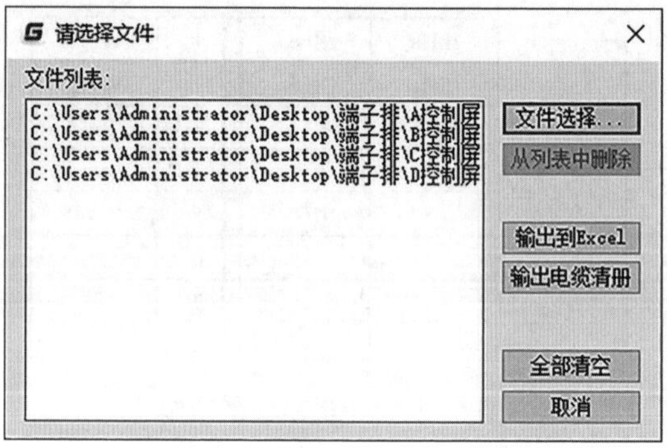

图 6-14 “绘制电缆清册”对话框

第7章 电气工程计算

电气设计中需要进行大量的工程计算，以确保设计的合理性。建筑电气设计软件提供了丰富的电气工程计算功能，主要应用于大型电气工程、工业建筑工程、民用建筑工程中的电气计算。软件涵盖了几乎所有的电气常用计算，可以用最简单的过程，计算出最准确的结果。

7.1 照度计算

照明计算是照明设计的主要内容之一，包括照度计算、亮度计算和眩光计算等。照明计算是正确进行照明设计的重要环节，是对照明质量作定量评价的技术指标。亮度计算和眩光计算比较复杂，在实际照明工程设计中，照明计算通常只进行照度计算，对照明质量要求较高时才做亮度计算和眩光计算。

利用系数法照度计算是按光通流明计算照度，根据房间的几何形状，灯具的数量，类型，来确定工作面平均照度的计算方法。通过照度计算可以满足不同房间的照明要求，这也体现了软件的专业性。

7.1.1 查表法

以图2-1中的大房间为例介绍操作步骤。

(1) 单击【计算】→【照度计算】→【平均照度计算】，弹出“利用系数法照度计算”对话框，如图7-1所示。

(2) 输入房间编号为“1”，名称为“大办公室”，单击房间类选择“矩形”，输入房间面积（也可以点击房间面积的拾取按钮从图中框选）、工作面高度、灯具安装高度。软件能自动计算出房间面积和室空比，这些参数是计算照度的一些基本条件。

(3) 输入反射系数，墙面 P_w 和顶棚 P_{cc} 两项系数。

(4) 输入平均照度值，可以点击【照度值查询】按钮，查询规范的数据，其对话框如图7-2所示。

(5) 选择灯具维护系数。

(6) 选择光源类型、灯具名称后，该灯具的相关属性会出现在灯具名称下面，软件还会自动提供照明设计手册等提供的利用系数表，查询出上述条件下该灯具的利用系数值和光通量值。

注：软件是根据厂家和照明设计手册提供的数据得到的利用系数和光源光通量，相关条件包括灯具型号、光源类型、室空比、反射系数等，如果输入的参数没有对应利用系数值和光通量值，软件会提示，此时可以输入一个利用系数。

也可以再修改前面的条件和灯具种类，再按“查表法”来重新查询利用系数值。

(7) 单击【计算灯具套数】，软件根据上面已知条件可以计算出灯具套数。

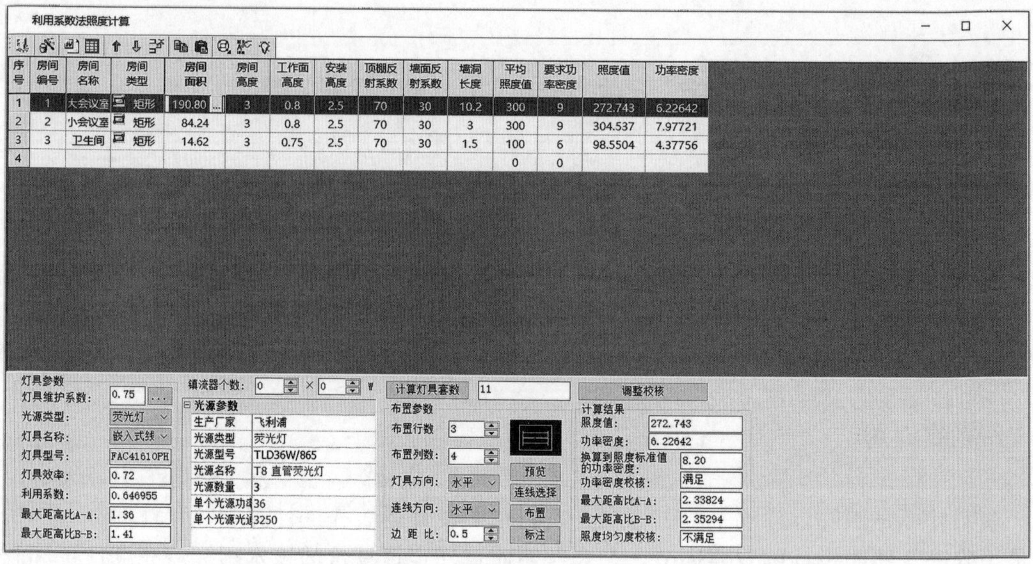

图 7-1 “利用系数法照度计算”对话框

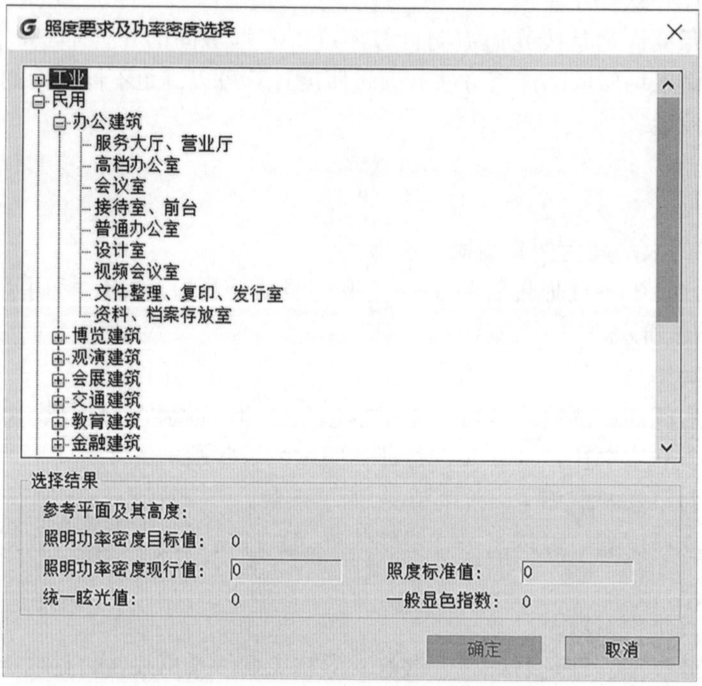

图 7-2 “照度要求及功率密度选择”对话框

（8）根据计算灯具套数，可以设定灯具的行列数量，再设定灯具的方向（水平布置、垂直布置）、端部设备距边界的距离比，按【调整校核】按钮，电气软件会自动计算出此条件下的实际照度值、实际距高比 $A—A$、实际距高比 $B—B$。可以比较，实际距高比应小于灯具要求值，实际距高比

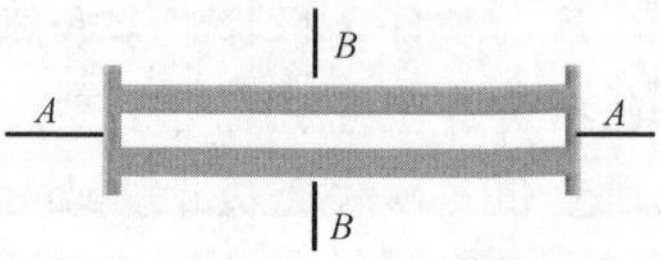

图 7-3　灯具距高比方向的示例

表示了光线均匀度，如图 7－3 所示。

注：此处软件只模拟了规则房间的布置情况，不规则的房间应采用近似的数据模拟。灯具距高比的方向如图 7－3 所示。

（9）按【行列布置灯具】按钮直接布灯。

（10）可以生成 Word 计算书，也可以把计算书导入到 CAD 中。

7.1.2　灯具库编辑

当需要的灯具找不到时，可以到软件的灯具型规数据库存中增加新的灯具，单击【灯具数据库】按钮，弹出“照度计算数据库维护”对话框，如图 7－4 所示。

序号	光源类别	名　称	光源型号	光通量	功 率	厂　家
1	LED灯	LED灯管系列	T5	225	6	帝欧LED
2	LED灯	LED灯管系列	T8(16W)	1500	16	帝欧LED
3	LED灯	LED灯管系列	T8(23W)	1800	23	帝欧LED
4	LED灯	LED灯管系列	T10(12W)	780	12	帝欧LED
5	LED灯	LED灯管系列	T10(24W)	1560	24	帝欧LED
6	LED灯	LED灯泡系列	G60	220	3	帝欧LED
7	LED灯	LED灯泡系列	A19-3A	200	4	帝欧LED
8	LED灯	LED灯泡系列	A19-5A	360	6	帝欧LED
9	LED灯	LED球泡\射灯	CFJ003WERG10(压铸)	180	4	长方LED
10	LED灯	工厂灯	LZ-G100W	8000	100	麟字LED
11	LED灯	LED筒灯系列	卡罗斯(10W)	1000	10	帝欧LED
12	LED灯	泛光灯	LZ-F30W	2800	30	麟字LED
13	LED灯	LED灯管系列	T8(9W)	750	9	帝欧LED
14	LED灯	LED筒灯系列	卡罗斯(15W)	850	15	帝欧LED

图 7－4　“照度计算数据库维护”对话框

7.1.3　点照度计算

单击【计算】→【照度计算】→【点照度计算】，弹出利用“点照度计算”对话框，如图 7－5 所示。

基本的操作步骤如下：

（1）设置计算的参数，包括网格密度、等照度曲线间距、工作面高度。设置的网格密度越小，计算量越大。

（2）单击【矩形区域选取】，进入图纸上选取计算区域。用户此前应将灯具在平面图上布置好。框选区域后灯具型号及数目显示在对话框中。

（3）在每个灯具的“灯具型号”栏上双击，出现图 7－6 所示对话框：从这个对话框中选择该灯具的型号，确定后，灯具型号栏更新。

（4）输入光通量、安装高度、维护系数。其中光通量可以直接输入，也可以点击按钮，

图 7-5 “点照度计算”对话框

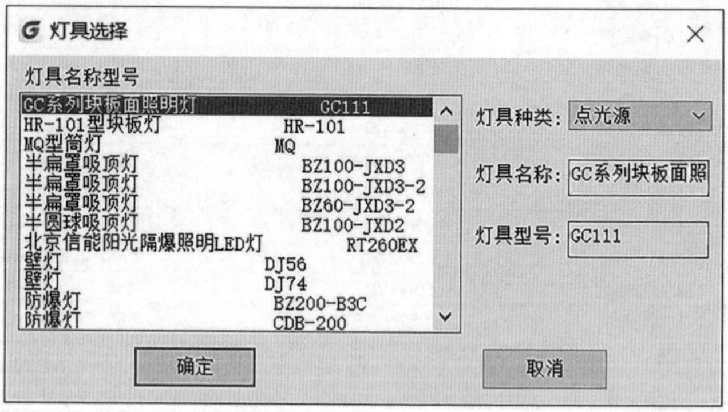

图 7-6 “灯具选择”对话框

打开“选择光源”对话框，如图 7-7 所示，选择数据库中的光源型号，自动查得其光通量，可以输入光源个数，光通量自动累加。确定后，光通量自动填写到点照度计算界面。

（5）单击【计算】，开始计算各点的照度，区域被划分成网格，计算点为网格交点。

（6）单击【查询】，在图上计算区域任取一点，标出照度值。

（7）单击【显示照度】，显示网格交点处的照度值。

（8）单击【等照度曲线】，显示点光源和线光源照度曲线，如图 7-8 所示。

（9）【灯具库存编辑】用来增加点光源和线光源灯具，录入的灯具信息输入界面上后，单击【添加】即可入库。

（10）可以出 Word 格式的计算书。

（11）单击【删除等照度曲线】，框选图纸，等照度曲线被删除。

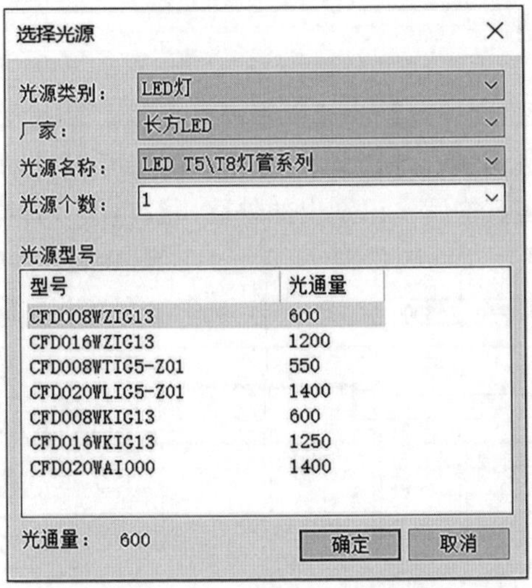

图 7-7 “选择光源”对话框

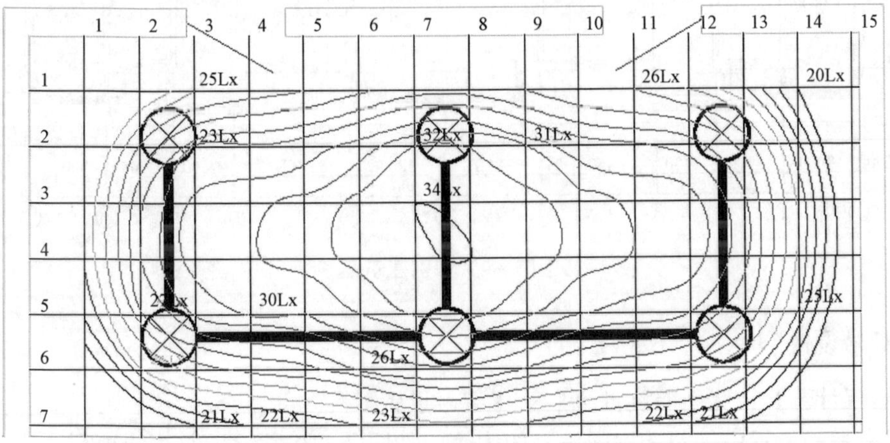

图 7-8　显示等照度曲线

7.2　新照度计算

如果建筑规模大，房间相似度高，可以使用新照度计算。新照度计算的特点是，快速拾取多层建筑图，读取每个房间的面积和高度，批量修改和编辑，能同时对多个房间赋值灯具和光源参数。可选现行值或目标值一键计算，快速生成计算书并把结果返回到图中，生成布置效果图。可同时生成 Word、Excel 和 CAD 表格形式计算书。计算方法与查表法一致。

计算步骤：

(1) 识别建筑图（识别内外），识别的方式不同的软件略有不同。

(2) 布置房间编号（手动编号或自动编号）。

(3) 照度计算：工具—读取建筑图，软件自动读取每个房间信息；或者手动输入建筑及房间信息（进入计算界面，可以调整房间、灯具、光源参数，进行计算）。

(4) 输出结果（计算结果赋值回图中，自动布置房间灯具，生成计算书）。

7.2.1　识别内外墙体

菜单：【计算】→【新照度计算】→【识别内外】。

识别建筑图，可以多层识别。通过识别内外，软件可以自动读取房间面积、高度等信息。框选图中需要识别的建筑物后，识别出的外墙用红色虚线加亮显示，如图 7-9 所示。

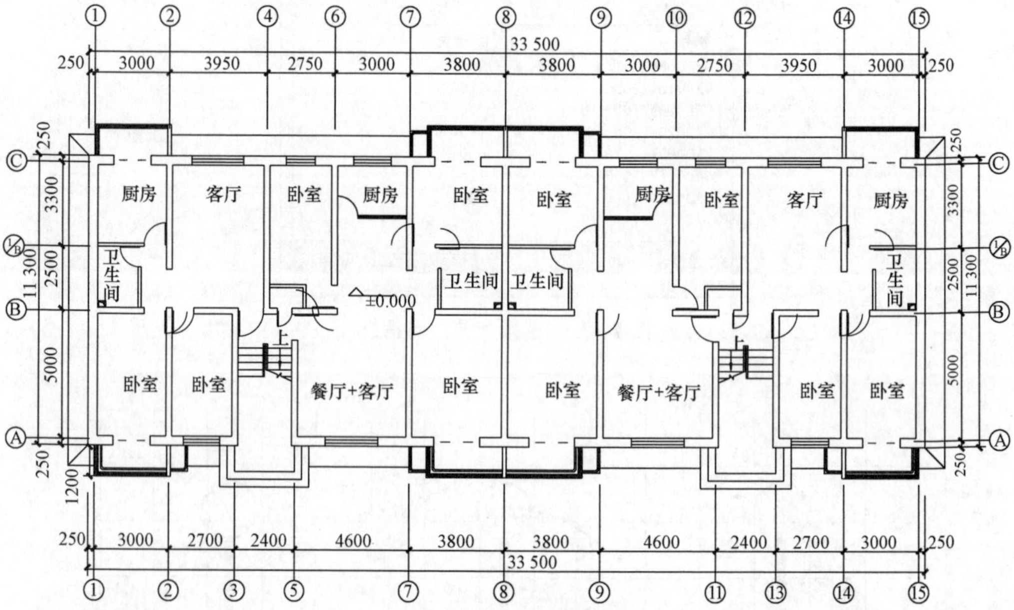

图 7-9　识别建筑图

7.2.2　编号设置

菜单：【计算】→【新照度计算】→【编号设置】。

可以在编号设置中，勾选房间编号的内容，如图 7-10 所示。勾选的项目会在“手动编号”或“自动编号”执行完成后显示在建筑图的标注中。

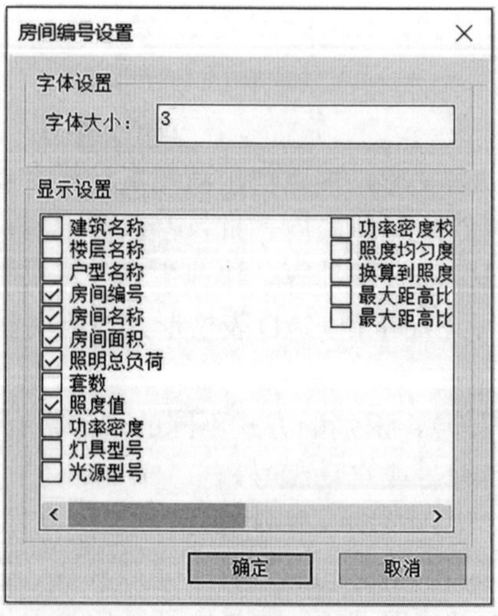

图 7-10　“房间编号设置”对话框

7.2.3　手动编号

菜单：【计算】→【新照度计】→【手动编号】。

识别到建筑房间后，可以手动为每一个房间进行编号。

7.2.4　自动编号

菜单：【计算】→【新照度计算】→【自动编号】。

可以根据编号规则自动对识别到的房间进行编号，编号中信息显示的是“编号设置”中勾选的内容，当图面存在使用本命令绘制的房间编号对象时，再次编号，房间对象更新为新属性，且每个房间的面积、高度已经根据建筑图信息读取到了，可以依次进行多个楼层的自动编号，如图 7-11 所示。

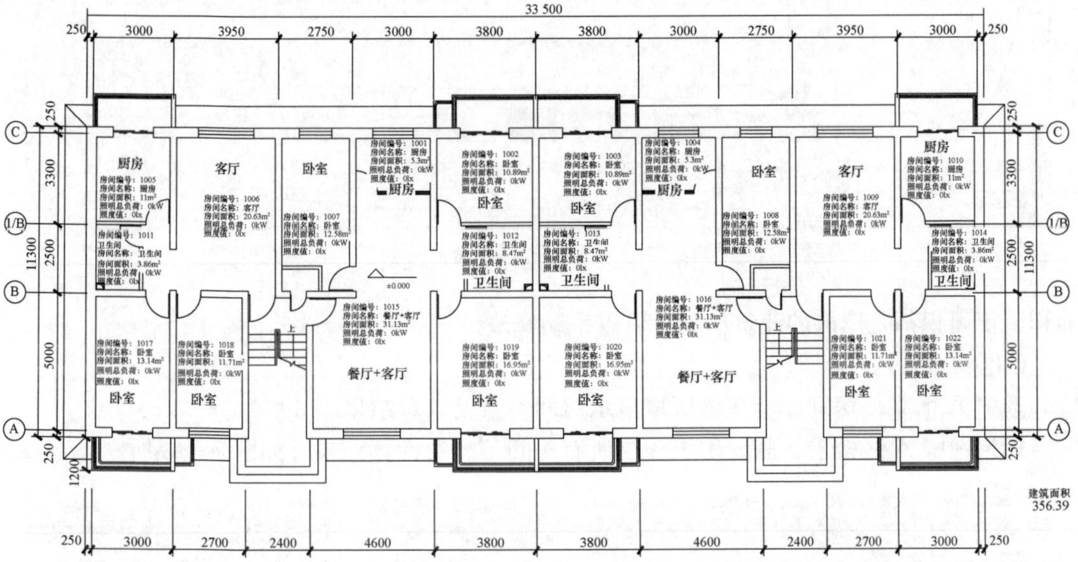

图 7-11　房间编号结果

7.2.5　房间自动识别进行照度计算

菜单：【计算】→【新照度计算】→【照度计算】→【工具】→【读取建筑图】。

进入照度计算界面，使用工具中的读取建筑图命令，可以同时计算每个房间的结果并输出，如图 7-12 所示。

A 区：工程建筑。

在工程建筑界面，会显示当前工程名称、建筑名称以及房间名称等。使用工具读取建筑图，可以识别建筑图中房间信息，并读取到工程建筑界面。

B 区：房间参数区。

房间参数中包括房间参数、灯具参数、镇流器参数、光源参数。点击“+”可以打开参数输入界面，点击“−”可以收回参数输入界面。除了灰色区域全部可以手动输入。其中房间参数显示的是 A 区建筑中所选择房间的参数，是从建筑图中读取到的。其中房间高度、

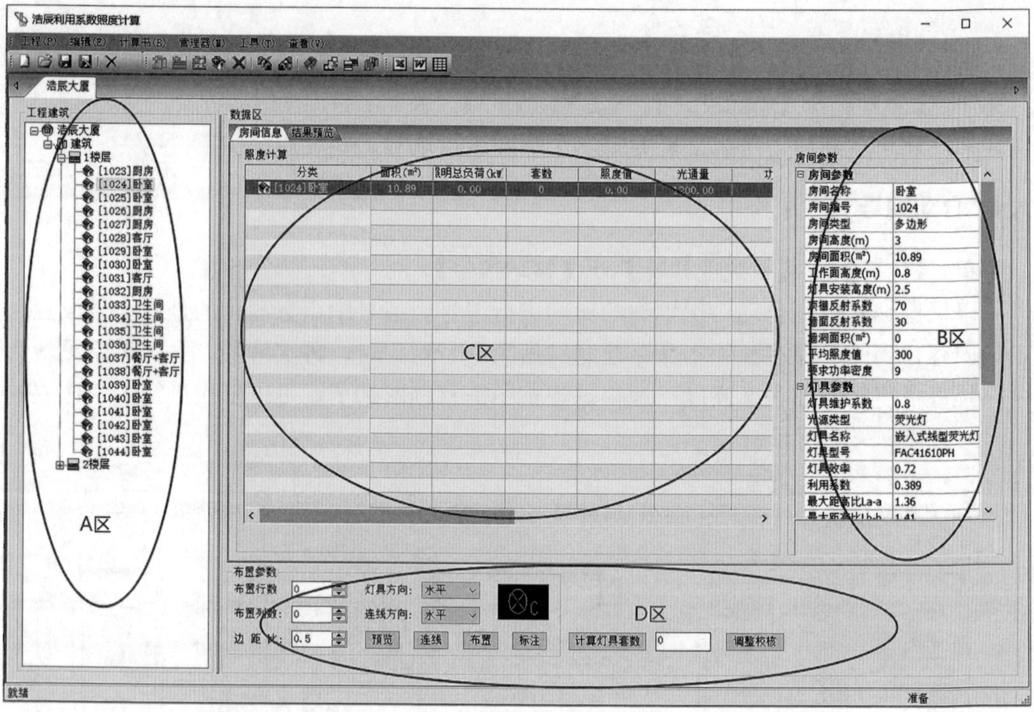

图 7-12　新照度计算界面说明

面积、窗面积都是读取的建筑信息。可以手动修改。

C 区：数据区。

选中 A 区某一房间，会在该区域显示房间参数及计算结果。

如果选中 A 区楼层，则显示该楼层所有房间信息及计算结果，如图 7-13 所示。

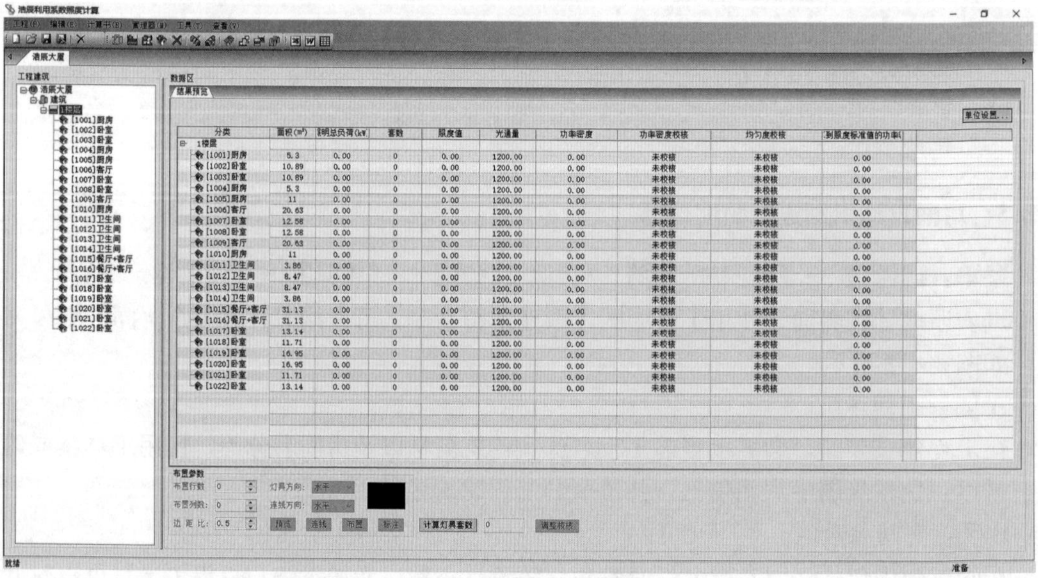

图 7-13　新照度计算结果展示

如果选中 A 区中建筑，则在 C 区显示建筑信息或者进行多楼层计算结果的显示。可以在建筑信息中修改建筑名称、楼层数量、楼层编号、层高、标高、相同个数。

D 区：计算及布置区。

【计算灯具套数】单击按钮，自动根据房间参数计算灯具套数。

【调整校核】可以输入计算套数，单击“调整校核”，软件根据新的套数重新计算照度及功率密度，并判断是否满足要求。

【布置参数】可以实现灯具的行列布置，双击图例符号可以进入图库，选择灯具，单击【布置】可以自动布置到图中；单击【预览】可以预览布置效果；单击【连线】可以设置线缆；单击【标注】可以把该房间计算结果标注到图中。

7.2.6　批量编辑工具

菜单：【计算】→【新照度计算】→【照度计算】→【编辑】。

对于这么多的房间及楼层，软件提供了批量编辑功能，可以批量修改参数，批量复制房间、户型、楼层、建筑。

【批量修改】可以实现相同参数的批量修改。多个建筑、多个楼层、多个房间同时进行参数修改，房间参数、灯具参数、光源参数、镇流器参数中所有项目均可勾选，也可以设置过滤条件，一次性修改多个房间以及多个参数。

举例：要把整个建筑中所有的卧室灯具的型号、灯具效率、利用系数修改为统一的数值，则只需勾选整个建筑，则建筑中所有房间自动选中，在修改条件中选择要修改的项目，然后设置过滤条件，房间名称等于卧室，点击【修改】→【批量修改】，如图 7-14 所示。

图 7-14　【批量修改】对话框

7.3 负荷计算

在对一个工业企业、民用建筑或一个施工现场进行供电设计时，首先遇到的便是该工厂、该建筑物或该工地要用多少电，即负荷计算问题。计算负荷是供电设计的基本依据。如果计算负荷确定过大，则设备和导线选择偏大，从而造成投资浪费。如果计算负荷确定过小，则设备和导线选择偏小，有可能酿成事故。因此，建筑物的负荷估算及统计正确与否是建筑电气合理设计的前提，正确地确定计算负荷具有重要的意义。

单击【计算】→【其他计算】→【负荷计算】，弹出的“需要系数法负荷计算”对话框如图 7 - 15 所示，其中，对话框上面部分为负荷计算，下面部分为变压器计算。此负荷计算适用于计算变压器二次侧负荷或整个厂区负荷，以及配电箱负荷等，在做配电箱的负荷计算时，注意选择每个回路的相位。

下面根据 2.3.3 节生成的系统图进行负荷计算，操作步骤如下：

（1）新建负荷计算数据文件，或者打开已经有的数据文件。

（2）根据系统图 7 - 15 输入回路编号、设备编号、设备名称、额定容量，选择相位，可以修改工作电压、需要系数和功率因数。

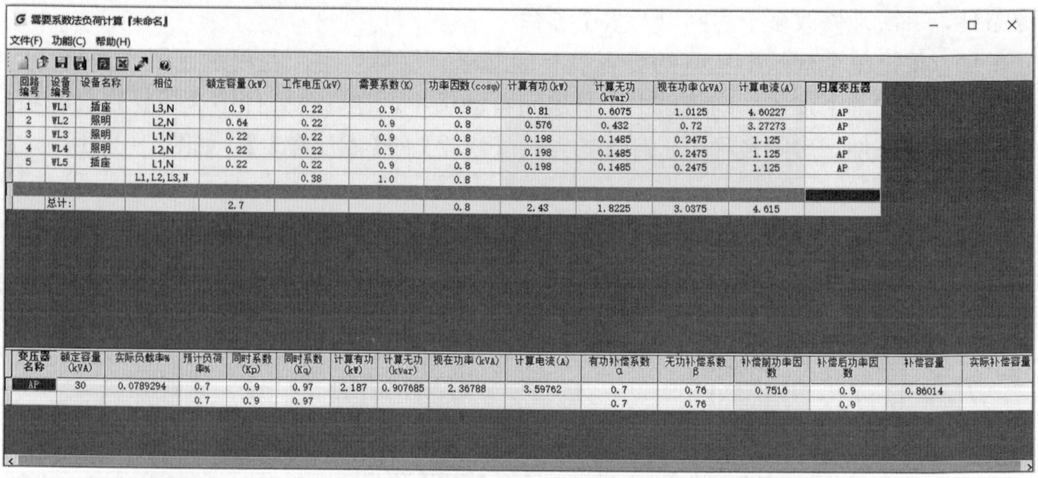

回路编号	设备编号	设备名称	相位	额定容量(kW)	工作电压(kV)	需要系数(K)	功率因数(cosφ)	计算有功(kW)	计算无功(kvar)	视在功率(kVA)	计算电流(A)	归属变压器
1	WL1	插座	L3,N	0.9	0.22	0.9	0.8	0.81	0.6075	1.0125	4.60227	AP
2	WL2	照明	L2,N	0.64	0.22	0.9	0.8	0.576	0.432	0.72	3.27273	AP
3	WL3	照明	L1,N	0.22	0.22	0.9	0.8	0.198	0.1485	0.2475	1.125	AP
4	WL4	照明	L2,N	0.22	0.22	0.9	0.8	0.198	0.1485	0.2475	1.125	AP
5	WL5	插座	L1,N	0.22	0.22	0.9	0.8	0.198	0.1485	0.2475	1.125	AP
			L1,L2,L3,N		0.38	1.0	0.8					
	总计:			2.7			0.8	2.43	1.8225	3.0375	4.615	

变压器名称	额定容量(kVA)	实际负载率%	预计负荷率%	同时系数(Kp)	同时系数(Kq)	计算有功(kW)	计算无功(kvar)	视在功率(kVA)	计算电流(A)	有功补偿系数α	无功补偿系数β	补偿前功率因数	补偿后功率因数	补偿容量	实际补偿容量
AP	30	0.0789294	0.7	0.9	0.97	2.187	0.907685	2.36788	3.59762	0.7	0.76	0.7516	0.9	0.86014	
			0.7	0.9	0.97					0.7	0.76		0.9		

图 7 - 15 “需要系数法负荷计算”对话框

（3）界面上黄色背景的数据项会自动计算出来，包括有功功率、无功功率、视在功率、电流。计算公式为：

$$计算有功 = 额定容量 \times 需要系数 \tag{7-1}$$

$$计算无功 = 额定容量 \times \tan\varphi(\varphi 为功率因数角) \tag{7-2}$$

$$视在功率 = \sqrt{(计算有功功率)^2 + (计算无功功率)^2} \tag{7-3}$$

计算电流值为：

当为三相时： $$计算电流 = 视在功率/(额定电压 \times \sqrt{3}) \tag{7-4}$$

当为单相时： $$计算电流 = 视在功率/额定电压 \tag{7-5}$$

（4）重复上面操作，把每个回路都输入界面中，此时负荷计算还可以计算出总计的额定容量、总的功率因数、总的有功功率、总的无功功率、总的视在功率。计算方法如下：

1）三相不平衡时：

$$三相总的额定功率=最大的单相功率\times 3 \tag{7-6}$$

设三相的计算电流 I_1、I_2、I_3，如[$I_n-(I_1+I_2+I_3)/3$]$>0.15I_n$，则认为三相不平衡，此式中的 I_n 为 I_1、I_2 或 I_3。

2）其他情况都为所有的回路额定功率之和。

$$总的视在功率=\sqrt{(总的计算有功功率)^2+(总的计算无功功率)^2} \tag{7-7}$$

式（7-2）中，$\tan\varphi$ = 总的计算无功功率/总的计算有功功率。

$$总的功率因数=\cos\varphi \tag{7-8}$$

（5）调整相位：单击界面左上方的【相位调整】按钮，程序可以自动调整到三相平衡的状态，如果不能调整到三相平衡的时候，程序也会作一个最优的三相调整，并弹出最终调整后三相的计算电流值，如图 7-16 所示。

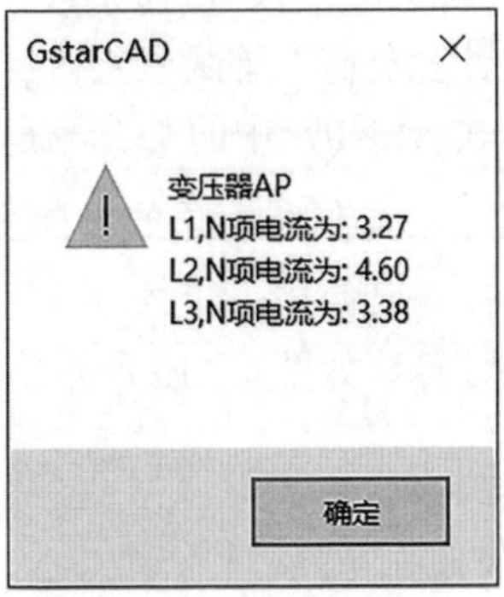

图 7-16　三相计算电流值

（6）在界面的左上方有两个命令分别“把计算表格和数据输出到 CAD 软件界面”和“把计算数据和表格输出成 Execl 格式”。根据需要可以将计算表格和数据输出到 CAD 或 Excel 中。

7.4　无功补偿

无功补偿作为保持电力系统无功功率平衡、降低网损、提高供电质量的一种重要措施，已被广泛应用于各电压等级电网中。合理选择无功补偿能够有效地维持系统的电压水平，保证电源稳定性，避免大量无功的远距离传输，从而降低有功网损，减少发电费用，提高设备利用率。无功补偿的计算目的是为计算工业企业中的平均功率因数及补偿电容容量，并通过计算获得补偿电容的设计依据，通常所依据的方法可参见中国建筑工业出版社出版的《建筑电气设计手册》中的无功功率的补偿。

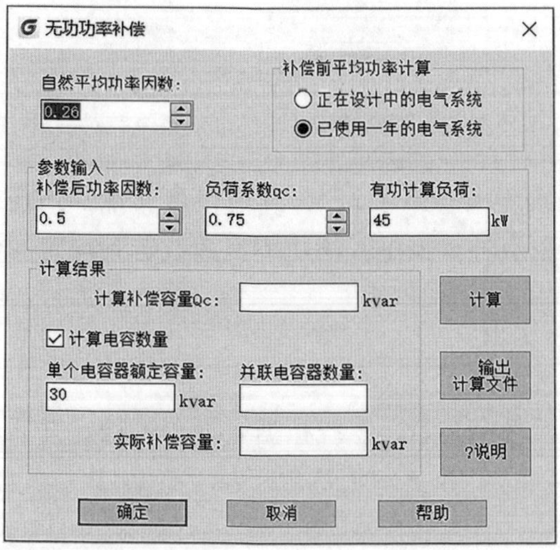

图 7-17　“无功功率补偿”对话框

单击【计算】→【其他计算】→【无功补偿】，出现如图 7-17 所示的“无功功率补偿”对话框。

系统采用电动机及变压器等，会产生无功功率，本功能的用途是算出应补偿的容量和电容器数量。

首先输入“自然平均功率因数”和“补偿后功率因数”“负荷系数”“有功计算负荷”等参数，单击【计算】按钮可以计算得到结果。其中“自然平均功率因数”即补偿前的平均功率因数，可直接输入，也可通过右侧的“补偿前平均功率计算”功能自动计算得到。

1. 正在设计中的电气系统

本系统对于设计中或刚使用不久的电气系统，其平均功率因数按式（7 - 9）来计算，如图 7 - 18 所示。

$$\cos\varphi = \frac{1}{\sqrt{1+\left(\frac{\beta Q_{\mathrm{js}}}{\alpha P_{\mathrm{js}}}\right)^2}} \tag{7 - 9}$$

其中“有功负荷系数”即式（7 - 9）中的 α，“无功负荷系数”即式（7 - 9）中的 β，“有功计算负荷”即式（7 - 9）中的 P_{js}，通过负荷计算得到的有功计算负荷，“无功计算负荷”即式（7 - 9）中的 Q_{js}，通过负荷计算得到的无功计算负荷。

2. 已使用一年的电气系统

对已使用一年的电气系统，其平均功率因数可根据过去一年的电能消耗量式（7 - 10）来计算，如图 7 - 19 所示。

$$\cos\varphi = \frac{1}{\sqrt{1+\left(\frac{V_{\mathrm{ni}}}{W_{\mathrm{ni}}}\right)^2}} \tag{7 - 10}$$

其中“有功电能消耗量”即式（7 - 10）中的 W_{ni}，电气系统一年的有功电能消耗量，直接输入。“无功电能消耗量”即式（7 - 10）中的 V_{ni}，电气系统一年的无功电能消耗量，直接输入。

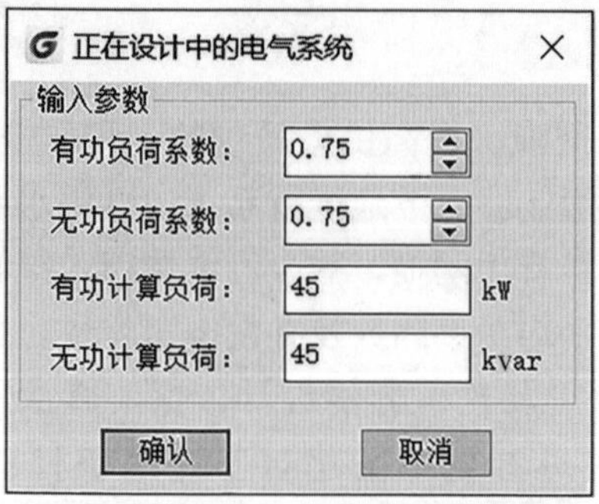

图 7 - 18 “正在设计中的电气系统”对话框

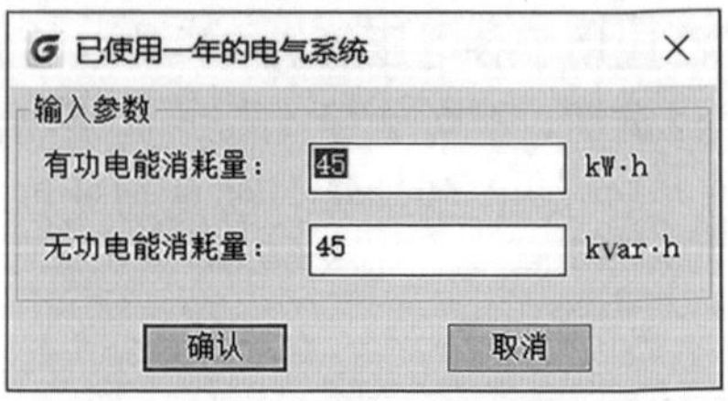

图 7 - 19 “已使用一年的电气系统”对话框

“补偿后功率因数”如高压供电的系统平均功率因数小于 0.9，其他供电系统平均功率因数小于 0.85 时，则按《供用电规则》规定应采取补偿措施，把功率因数改善到规定的值即为此“补偿后功率因数”。

“负荷系数”在这里即为计算有功系数。

“有功计算负荷”计算无功补偿时所需要的参数。

“计算电容数量”选中此项，输入单个电容器额定容量，系统根据下面公式确定并联电容器的数量。

$$n = \frac{Q_{\mathrm{c}}}{q_{\mathrm{c}}} \tag{7 - 11}$$

式中 Q_{c}——计算出的补偿容量；

q_c ——单个电容器的额定容量。

考虑三相均衡分配，有时在计算出电容数量和实际补偿容量后，还要对它们进行修改，因此系统计算这两项值的地方是开放的，可以随意修改。

按【输出计算文件】按钮把包括计算依据、条件、公式、过程以及结果的计算书输出到 Word 中。

7.5　低压短路计算

民用建筑电气设计中的低压短路电流计算，主要包括 220/380V 低压网络电路元件的计算，三相短路、单相短路（包括单相接地故障）电流计算和柴油发电机供电系统短路电流计算。

软件中的低压短路计算采用“有名值法”，提供了两种绘制功能，一种是设计中先绘制系统图，软件可将系统图自动变换成阻抗图；另一种是直接绘制阻抗图。根据低压电网的特点，特别对序阻抗、相保阻抗分别进行计算。阻抗图生成后，软件根据节点导纳法，自动计算出三相对称短路，两相、单相接地不对称短路状态下的短路电流。软件还考虑了异步电动机对短路电流计算的影响。

7.5.1　计算设置

单击【计算】→【低压短路】→【计算设置】，弹出如图 7-20 所示的“计算设置”对话框。

【电动机平均反馈电流设置】在短路电流计算中，考虑电动机反馈电流时选中该项，输入电动机平均反馈倍数。

【输出设置】勾选确定最终生产计算结果的形式，可生成 Excel、Word 形式及 CAD 下的计算书。

图 7-20　“计算设置”对话框

7.5.2　由系统图生成阻抗图

1. 绘制系统图

单击【计算】→【低压短路】→【绘系统图】，弹出如图 7-21 所示的“绘制低压系统图”对话框，使用此对话框绘制阻抗图。

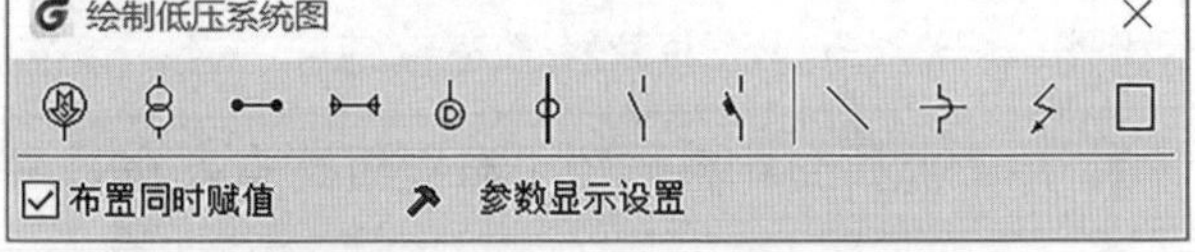

图 7-21　“绘制低压系统图”对话框

【布置同时赋值】：当选中时，在布置元件的同时，弹出“修改赋值”所示的对话框，在布置的同时赋值。若未选中则需要在绘制完成后，使用【修改赋值】功能对元件进行赋值。

【参数显示设置】：执行此操作，弹出如图 7-22 所示的对话框，使用此对话框可设置各种设备的赋值参数是否在图中显示。可选择“只选名称”或勾选要显示参数。

单击绘制主接线图对话框中的图标可以在图上绘制对应的元件，按 A、S 键可调整元件的方向。

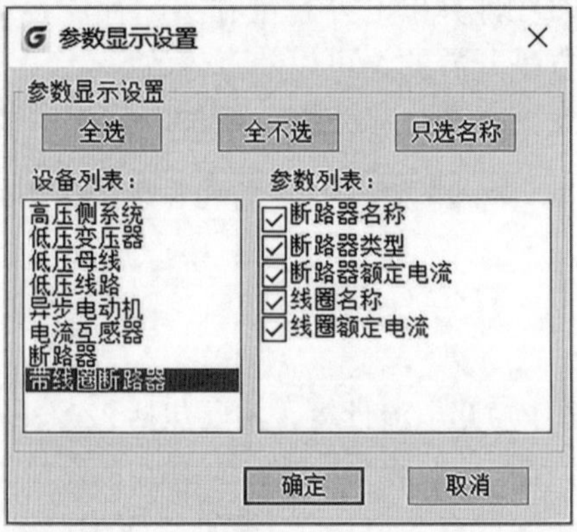

图 7-22 “参数显示设置”对话框

【系统布置】：单击此按钮在系统图中布置系统。

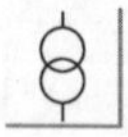【变压器布置】：单击此按钮在系统图中布置变压器。

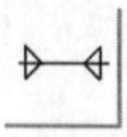【低压线路】：单击此按钮系统图中布置低压线路。

【电动机布置】：单击此按钮系统图中布置电动机。

【电流互感器】：单击此按钮系统图中布置电流互感器。

【断路器布置】：单击此按钮系统图中布置断路器。

【带线圈断路器布置】：单击此按钮系统图中布置带线圈断路器。

【绘制连线】：单击此按钮在图中绘制连接线，连线也可用 CAD 的 line 命令来绘制。

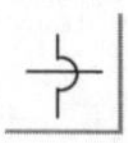【跨接符号】：当系统图中有相交不相连的连线时，需要使用跨接符号对相交部分进行标定。表示两根线不相连。（注：为保持与软件系统中符号一致，该连接符号保留了旧符号）

【短路点布置】：单击此按钮在系统图中布置短路点，在系统图中所有位置均可布置短路点。

【定义系统图】：绘制完成系统图后，应调用该功能定义该图；点击此按钮后在图中框选系统图，即可定义系统主接线图。

下面绘制一个系统图，具体步骤如下：

（1）单击【高压侧系统】按钮，在图中选择输入布置点，弹出如图 7-23 所示“高压侧系统”对话框并输入参数，绘制结果如图 7-24 所示。

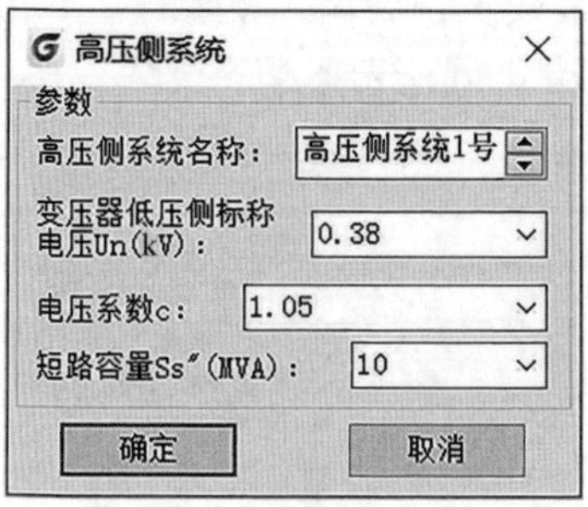

图 7 - 23　“高压侧系统”对话框

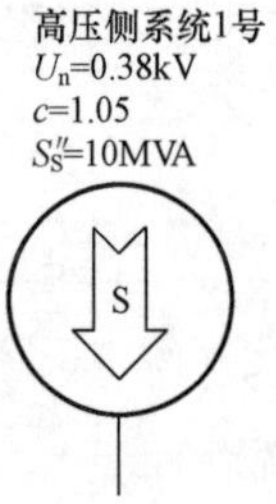

图 7 - 24　高压侧系统示意图

（2）单击【低压变电器】按钮，捕捉高压侧系统端点作为输入布置点，弹出如图 7 - 25 所示“低压变压器”对话框并输入参数，绘制结果如图 7 - 26 所示。

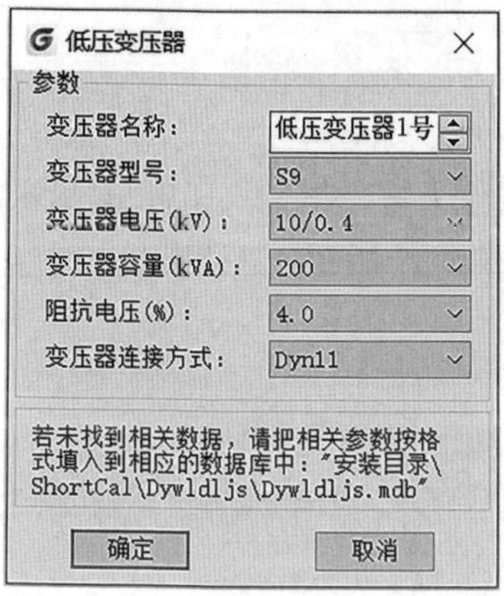

图 7 - 25　“低压变压器”对话框图

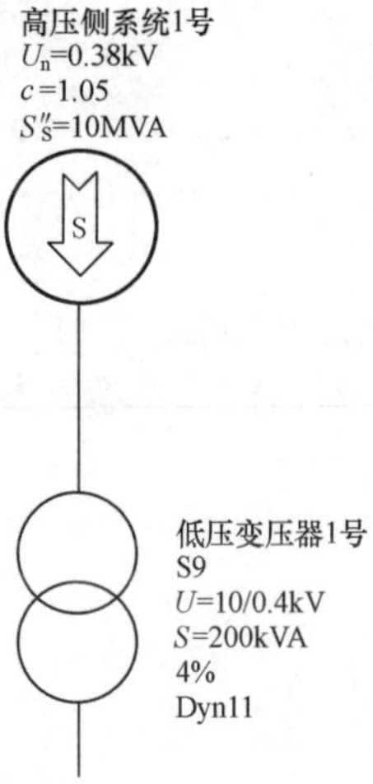

图 7 - 26　高压侧系统连接低压变压器示意图

（3）单击【低压母线】按钮，捕捉低压变压器端点作为输入布置点，弹出如图 7 - 27 所示“低压母线”对话框，输入参数，绘制结果如图 7 - 28 所示。

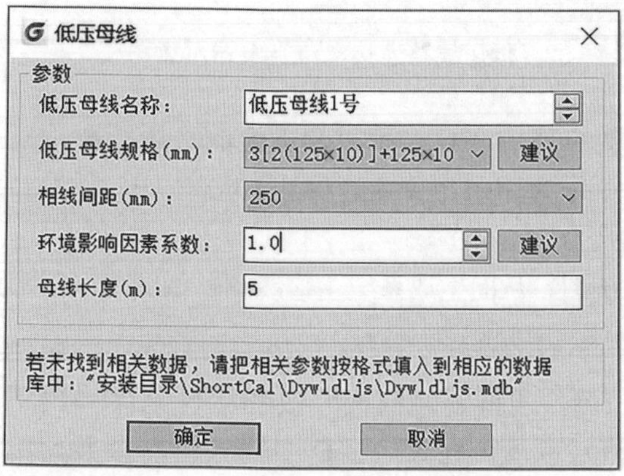

图 7 - 27　“低压母线”对话框

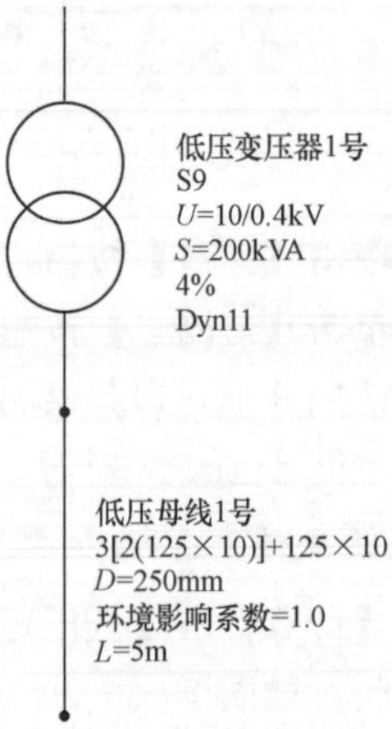

图 7 - 28　低压变压器连接低压母线示意图

(4) 单击【低压线路】按钮，捕捉低压母线端点作为输入布置点，弹出如图7-29所示“低压线路”对话框并输入参数，绘制结果如图7-30所示。

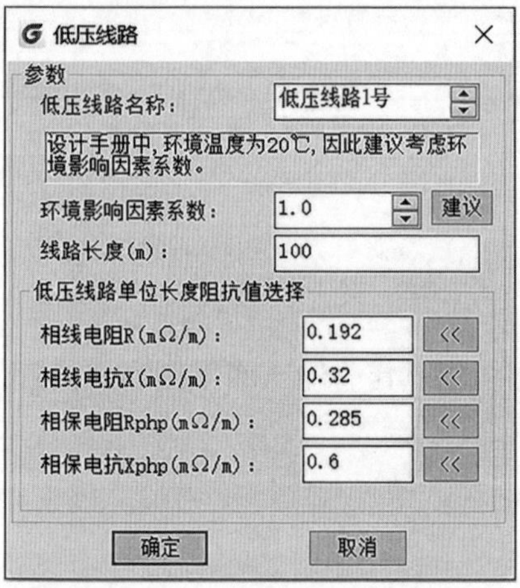

图7-29 “低压线路”对话框

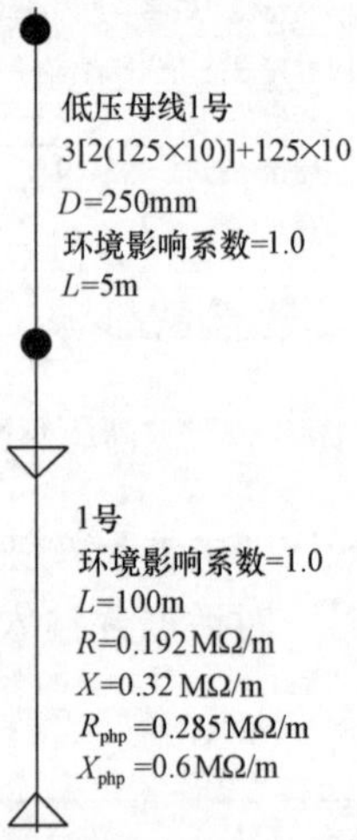

图7-30 低压母线连接低压线路器示意图

(5) 单击【电流互感器】按钮，捕捉低压线路端点作为输入布置点，弹出如图7-31所示“电流互感器”对话框，并输入参数，绘制结果如图7-32所示。

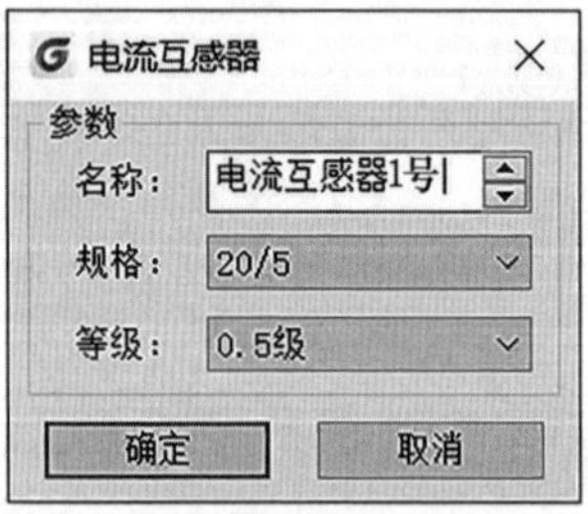

图7-31 “电流互感器”对话框

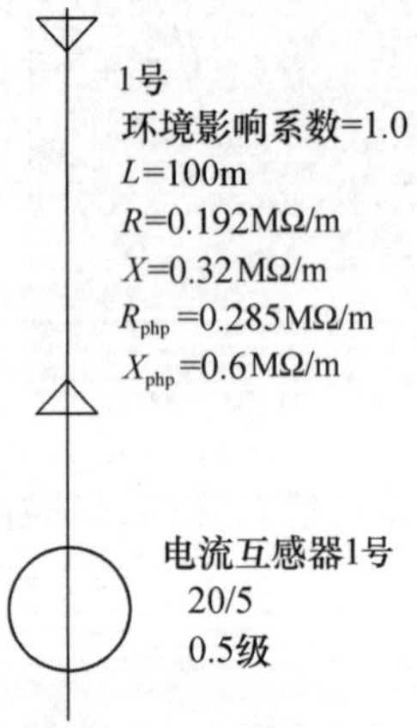

图7-32 低压线路连接电流互感器示意图

(6) 单击【连线】按钮，捕捉电流互感器端点作为起点，垂直向下绘制一段距离。

(7) 单击【短路点】按钮，捕捉连线上的点作为输入布置点，弹出如图7-33所示“短路点”对话框并输入参数绘制结果如图7-34所示。

(8) 单击【范围示意框】按钮，框选整个系统图，从而生成系统主接线图，如图7-35所示。

2. 修改赋值

单击【计算】→【低压短路】→【修改赋值】，选择要赋值或修改的元件则会弹出不同的赋值界面，如图7-36为“低压变压器”赋值对话框，在该对话框中输入所需参数，单击【确定】，变压器赋值就更新了。

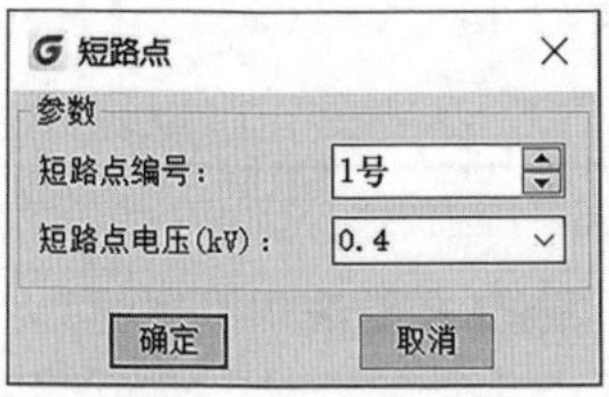

图7-33 “短路点”对话框

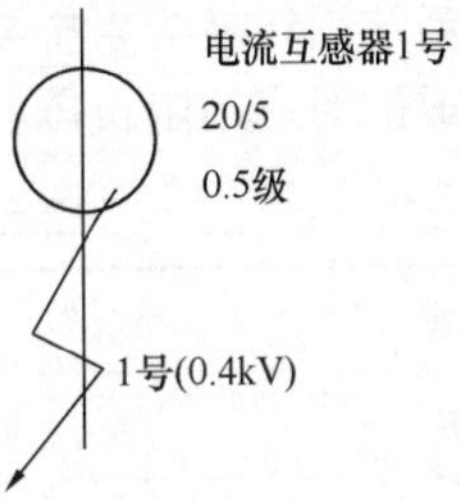

图7-34 插入电路点示意图

同样的道理，可以对系统图中其他设备进行赋值，包括短路点、线路。

3. 生成阻抗

单击【计算】→【低压短路】→【生成阻抗】，可以对系统图进行检查，并显示其中出错部分，可检查的错误包括系统图的连接错误、设备编号重复等常见错误。

如系统图绘制没有问题，则弹出系统图转换设置对话框，如图7-37所示，单击【确定】按钮，即可将绘制的低压系统图转换成阻抗图，如果勾选“是否输出阻抗值计算书”，并同时输出Word形式阻抗值计算书。生成的等效正序阻抗图如图7-38所示（注：为与软件一致，书中电阻符号暂时保留了旧符号）。

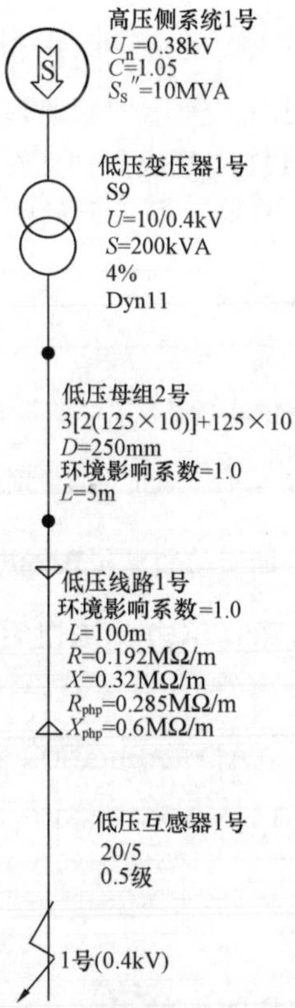

图7-35 系统主接线图

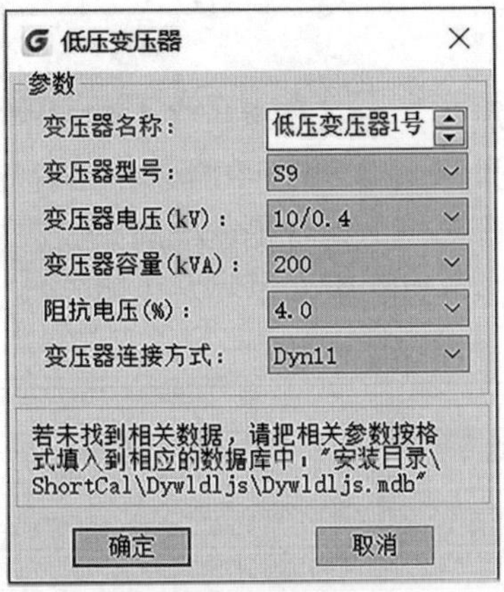

图7-36 “低压变压器”赋值对话框

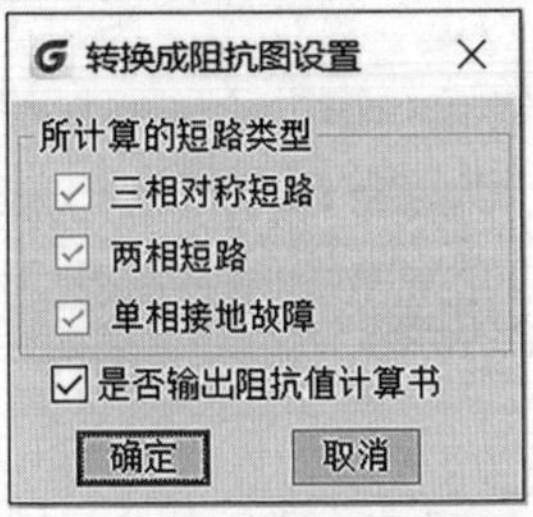

图7-37 “转换成阻抗图设置”对话框

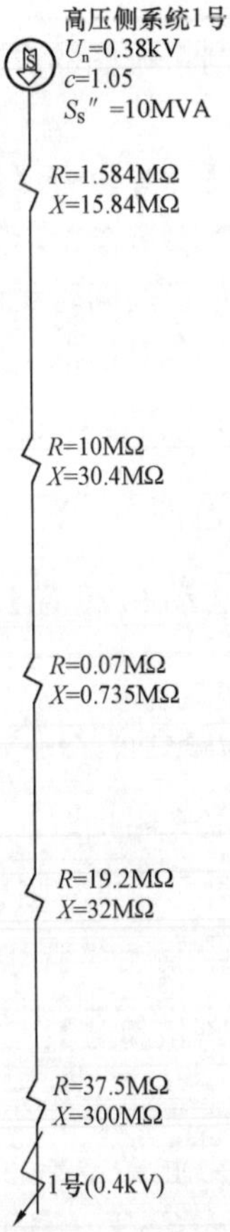

图7-38 等效正序阻抗图

以上就是一个系统图转换为阻抗图实例，图 7 - 35 所示为一个系统主接线图，图 7 - 38 所示为自动变换而成的对应的阻抗图，其中对应关系见表 7 - 1。

表 7 - 1　　系统图、阻抗图对应关系

系统图	阻抗图
系统	系统＋系统阻抗
线路	阻抗
变压器	阻抗
电动机	电动机
电流互感器	阻抗

注：1. 在绘制的系统图中，应保证各元件的正确连接，建议在绘制时打开捕捉。
2. 对于不相连的相交线要用“—⌒—”来表示。
3. 在绘制过程中完全可以使用 CAD 的编辑功能，例如复制、移动等功能，也可用 CAD 的 line 命令来绘制连线。

7.5.3 直接绘制阻抗图

与绘制系统图的方法相似，可直接绘制阻抗图，请试着绘制图 7 - 38 所示的等效正序阻抗图。

单击【计算】→【低压短路】→【绘阻抗图】，弹出如图 7 - 39 所示的“阻抗布置”对话框，绘制阻抗图。【布置同时赋值】当选中时，在布置元件的同时，弹出“修改赋值”对话框，在布置的同时赋值。若未选中则需要在绘制完成后，使用【修改赋值】功能对元件进行赋值。点击对话框中的图标可以在图上绘制对应的元件，按 A、S 键可调整元件的方向。

【阻抗布置】：单击此按钮布置阻抗。

【电源布置】：单击此按钮在阻抗图中布置电源。

【电动机布置】：单击此按钮在阻抗图中布置电动机。

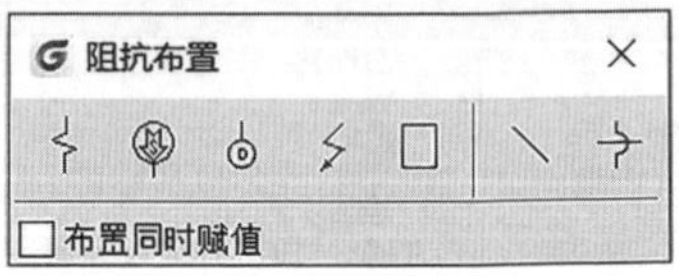

图 7 - 39 “阻抗布置”对话框

【短路点布置】：单击此按钮在阻抗图中布置短路点，在阻抗图中所有位置均可布置短路点。

【定义阻抗图】：绘制完成阻抗图后，应调用该功能定义该图；单击此按钮后在图中框选阻抗图，即可对阻抗图定义为正、负或零序阻抗图。

【绘制连线】：单击此按钮后在图中绘制连接线，连线可用 CAD 的 line 命令来绘制。

【跨接符号】：当阻抗图中有相交不相连的连线时，需要使用跨接符号对相交部分进行标定。如—⌒—就表示两根线不相连。

1. 修改阻抗

单击【计算】→【低压短路】→【修改阻抗】，只需要选中阻抗图中的设备，就会弹出相应对话框，输入参数，单击确定。详细可参照 7.5.2“修改赋值”部分。

2. 阻抗图检查

单击【计算】→【低压短路】→【检查错误】，专门用于检查阻抗图，不支持系统图错误检查。

7.5.4 计算

单击【计算】→【低压短路】→【计算】，框选图 7 - 38 所示的正序阻抗图，然后回车或单击鼠标右键，即可生成计算书，计算结果中所包含内容可以由“计算设置”设定。CAD 形式计算结果中附带符号说明表，对计算结果中的符号进行说明，见表 7 - 2 和表 7 - 3。

表 7-2　　低压网络系统元件阻抗（电压等级：0.38kV）

电路元件序号	电路元件	元件阻抗/MΩ			
		R	X	R_{php}	X_{php}
1	1 号	19.200	32.000	28.500	60.000
2	电流互感器 1 号	37.500	300.000	0.000	0.000
3	高压侧系统 1 号	1.584	15.840	1.056	10.560
4	低压母线 1 号	0.070	0.735	0.210	1.585
5	低压变压器 1 号	10.000	30.400	10.000	30.400

表 7 - 3　　低压短路电流计算（考虑异步电动机影响）

短路点	分支名称	分支电路元件	短路点电抗/mΩ		三相短路电流/kA	两相短路电流/kA	单相短路电流/kA	衰减时间常数	短路冲击系数	短路冲击电流/kA	短路全电流最大有效值
			$Z_k=\sqrt{R_k^2+X_k^2}$	$Z_{php}=\sqrt{R_{php}^2+X_{php}^2}$	$I''=\frac{1.06U_n\sqrt{3}}{Z}$	$I=0.866I''$	$I_d=\frac{U_n/\sqrt{3}}{Z_{php}}$	X_k/R_k	K_p	$i_p=\sqrt{2}K_pI''$	$I_p=I''\sqrt{1+2(K_p-1)^2}$
1号	高压侧系统1号	3，5，4，1，2	284.511	109.985	0.81	0.701	1.995	4.995	1.55	1.774	1.025
	小计				0.81	0.701	1.995			1.774	1.025

注：1. 计算时，框选阻抗图需将整个阻抗图都显示在当前窗口范围内，即整个阻抗图都能在当前窗口看到。
2. 当框选正序阻抗图时可计算三相短路电流；框选正、负序阻抗图，可计算三相和两相接地短路电流；同时框选正、负、零序阻抗图时可计算三相、两相、单相和两相接地短路电流。

7.5.5 方案入库

单击【计算】→【低压短路】→【方案入库】，弹出如图 7 - 40 所示的“方案入库”对话框，上方的路径是当前方案所对应的图纸所在位置。

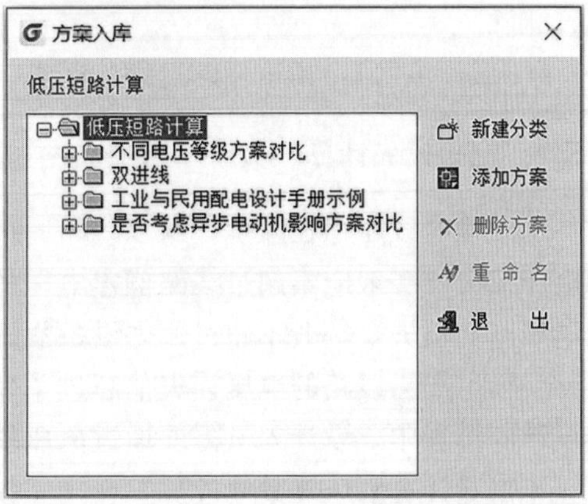

图 7 - 40 “方案入库”对话框

【新建分类】：先点中一个文件夹，如图 7 - 40 中的“低压短路计算”，点击【新建分类】按钮，此时会出现一个新文件夹，输入名称，即可建立。

【添加方案】：先点击文件夹，单击【添加方案】按钮，命令行提示“选择对象”，框选阻抗图，阻抗图即加入图库，以后可以方便调用。

7.5.6 方案库

单击【计算】→【低压短路】→【方案库】，弹出如图 7 - 41 所示“标准图图库”对话框，在这里可以直接调用已保存的方案。

【图库工具条】：功能有打开、插入、建目录、添加标准图、复制、粘贴、重命名、删除、任意缩放、放大、平移、旋转视图、初始试图、帮助、DWG 预览等。

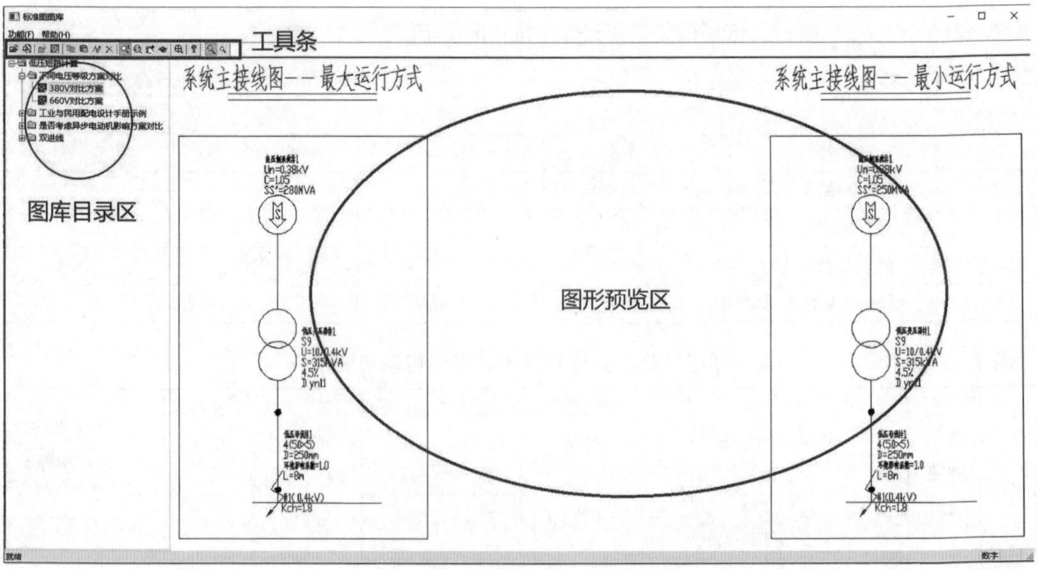

图 7 - 41 “标准图图库”对话框

【图库目录区】：为当前方案库中所有的方案，采用树状组织结构，逐级打开，直到显示出图纸，单击图纸名，在右侧可以显示出该图纸。除了显示图纸目录组织以外，在“图纸目录区”选中任意目录，点击右键，会弹出以下子菜单：新建分类、添加标准图、重命名、删除。在“图纸目录区”选中任意图纸，点击右键，会弹出以下子菜单：复制、粘贴、重命名、删除。

【图形预览区】：预览左侧选中的图纸。

7.5.7 电压损失计算

由于输电线路存在阻抗，所以线路通过电流时会产生电压损失。按规定，高压配电线路的电压损失，一般应不超过线路额定电压的 5%；从变压器低压侧母线到用电设备端的低压配电线路的损失，一般不超过用电设备额定电压的 5%；对视觉要求较高的照明线路，则为 2%～3%。如果线路的电压损失值超过了允许值，设计人员需适当加大导线截面。在进行电气设计的过程中，设计人员需要通过电压损失的计算，来进行导线校验工作。

单击【计算】→【其他计算】→【压损计算】，出现如图 7 - 42 所示的“电压损失计算”对话框。

在标签对话框中，有两种计算功能，分别为“计算电压损失百分比”和“计算线路长

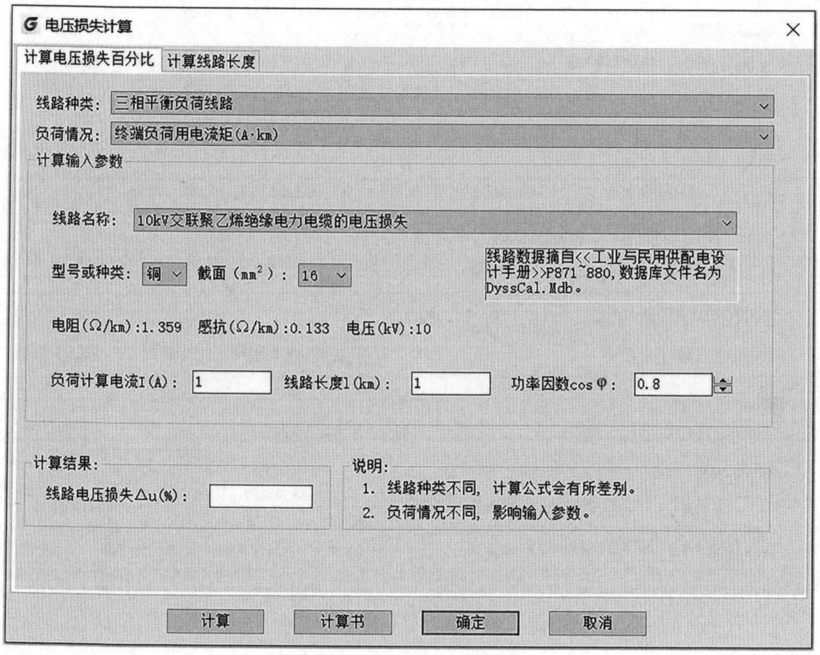

图 7-42　“电压损失计算”对话框

度”，下面分别进行详细介绍。

1. 计算电压损失百分比

在图 7-42 所示的对话框中，输入各项计算参数，其中：

【有功负荷】：直接输入线路所负载的负荷。

【线路电压损失】：显示计算结果，系统将根据输入的参数和相应的公式自动计算出数值。

【计算书】：把包括计算依据、条件、公式和过程以及结果的计算书输出到 Word 中，在 Word 中可以对其进行编辑修改。

2. 计算线路长度

在图 7-43 所示的“线路长度计算”界面中，输入各项参数，其中：

【线路电压损失】：直接输入线路的电压损失参数，此值为预期线路压降损失最大值。

【线路长度】：显示计算结果，系统将根据输入的参数和相应的公式自动计算出数值。

【计算书】：把包括计算依据、条件、公式和过程以及结果的计算书输出到 Word 中，在 Word 中可以编辑修改。

7.6　变压器保护

继电保护整定计算是电力系统生产运行中一项重要的工作。随着电网规模的不断扩大，电网结构日趋复杂，电力系统整定计算的工作量和复杂程度越来越大，利用计算机技术提高整定计算的工作效率和正确性越来越受到人们的重视。

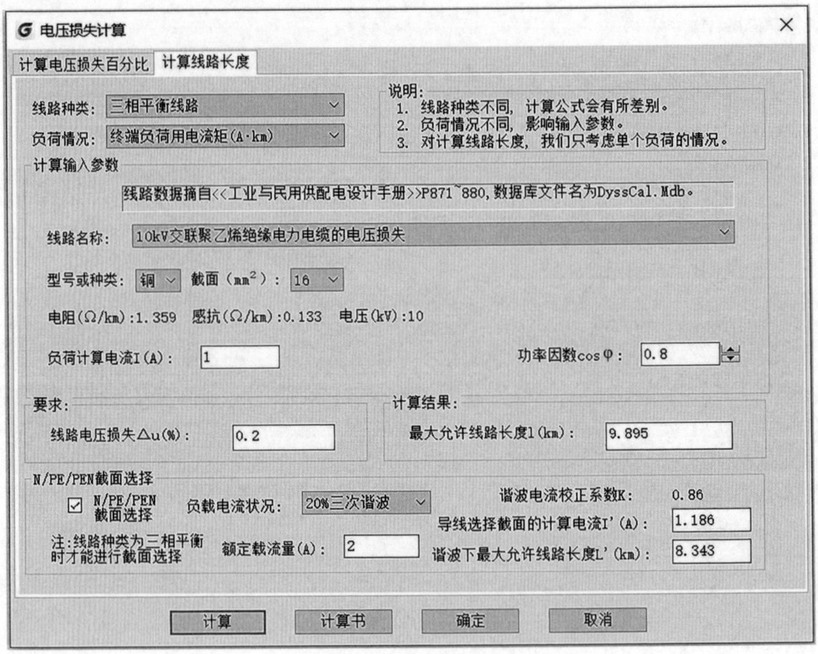

图 7-43 “线路长度计算”界面

变压器是供配电的主要设备之一，在工矿企业的能源损耗和投资中，常占很大的比例，一些中小企业在选择配变压器和计算保护定值时存在不少问题。合理选择变压器容量是降损、节能的基础，正确计算变压器的过电流、速断保护的定值，则是变压器安全运行的可靠保证。

单击【计算】→【继保整定】→【变压器保护】，出现如图 7-44 所示的“电力变压器保护”对话框。

变压器保护计算包括过电流保护、电流速断保护、低压侧单相接地保护 1（利用高压侧三相式过电流保护)、低压侧单相接地保护 2（采用在低压侧中性线上装设专用的零序保护)、过负荷保护和低电压起动的带时限过电流保护共 6 个对话框，标签对话框结构大体相似，在“输入参数”中输入相应的参数，单击【计算】按钮，系统将根据相应的公式计算出结果，且返回在“计算结果”一栏中。

7.7 线路保护

单击【计算】→【继保整定】→【6～10kV 线路保护】，出现如图 7-45 所示的对话框。

计算功能包括过电流保护、无时限电流速断保护、带时限电流速断保护和单相接地保护共四个对话框。在“输入参数”中输入相应的参数，单击【计算】按钮，系统将根据相应的公式计算出结果，且返回在“计算结果”一栏中。

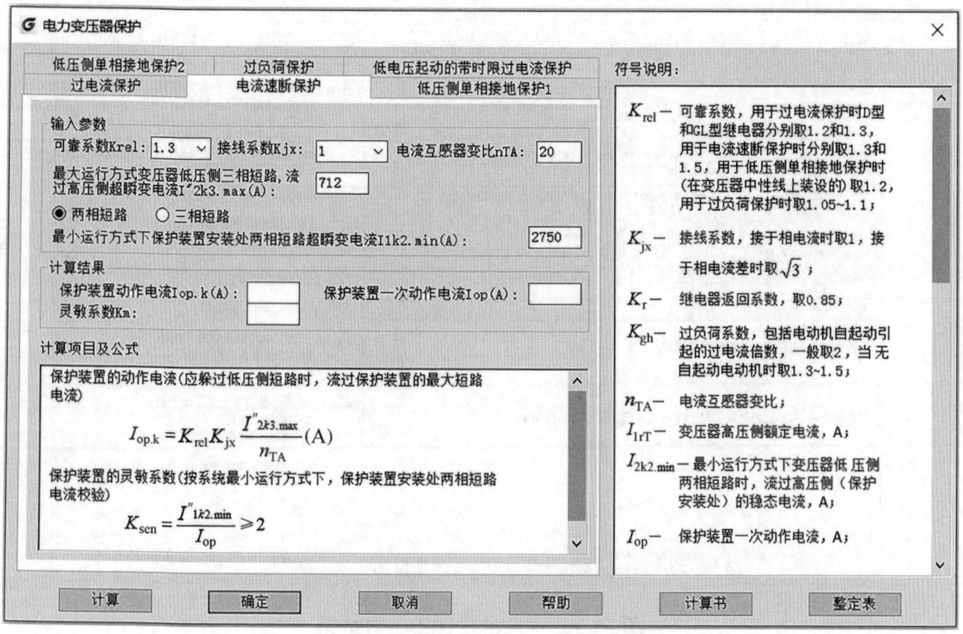

图 7-44 “电力变压器保护”对话框

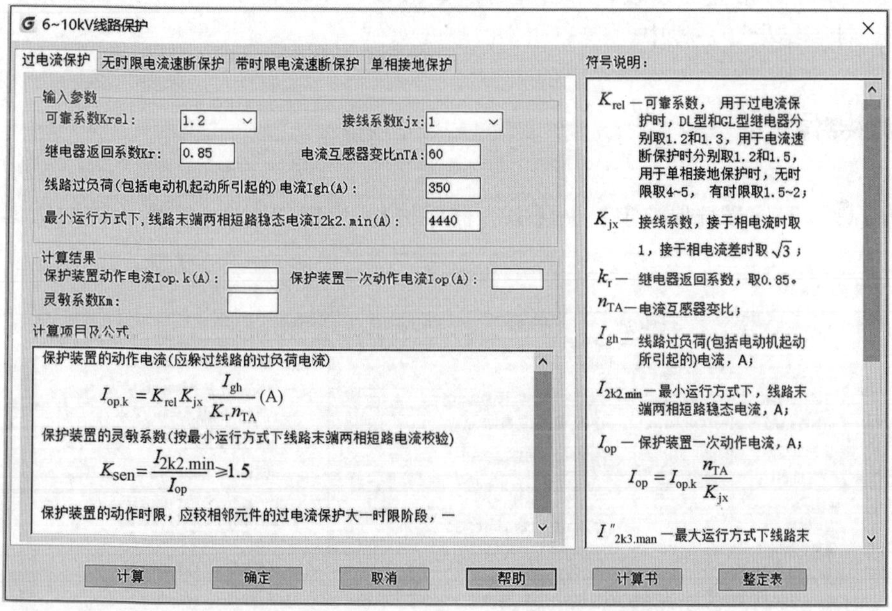

图 7-45 “6～10kV 线路保护”对话框

7.8 电动机保护

单击【计算】→【继保整定】→【电动机保护】，出现如图 7-46 所示的对话框，包括电流速断保护、纵联差动保护（用 BCH-2 型差动继电器时）、纵联差动保护（用 DL-11 型

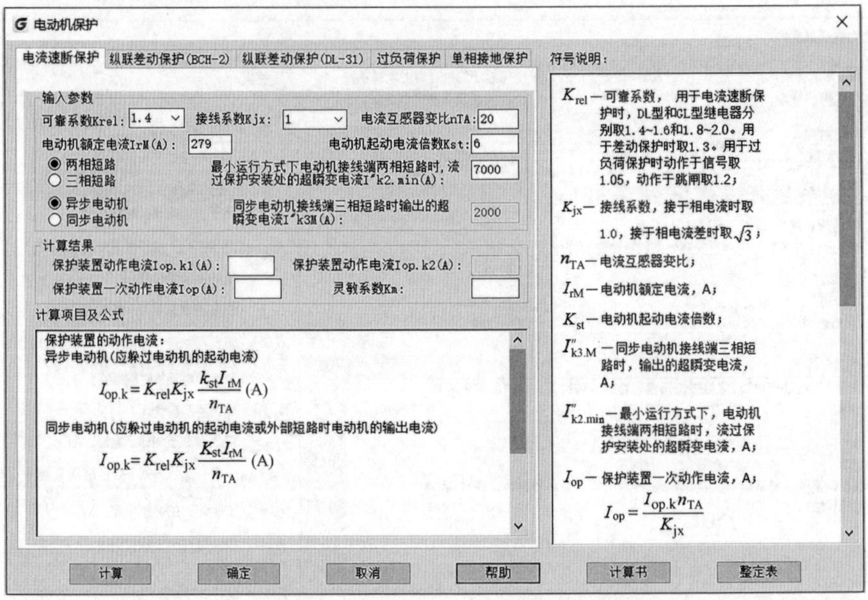

图 7 - 46 “电动机保护”对话框

电流继电器时)、过负荷保护、单相接地保护共 5 个对话框，标签对话框结构大体相似，在“输入参数”中输入相应的参数，单击【计算】按钮，系统将根据相应的公式计算出结果，且返回在“计算结果”一栏中。

7.9 电容器保护

单击【计算】→【继保整定】→【电容器保护】，出现如图 7 - 47 所示的对话框。

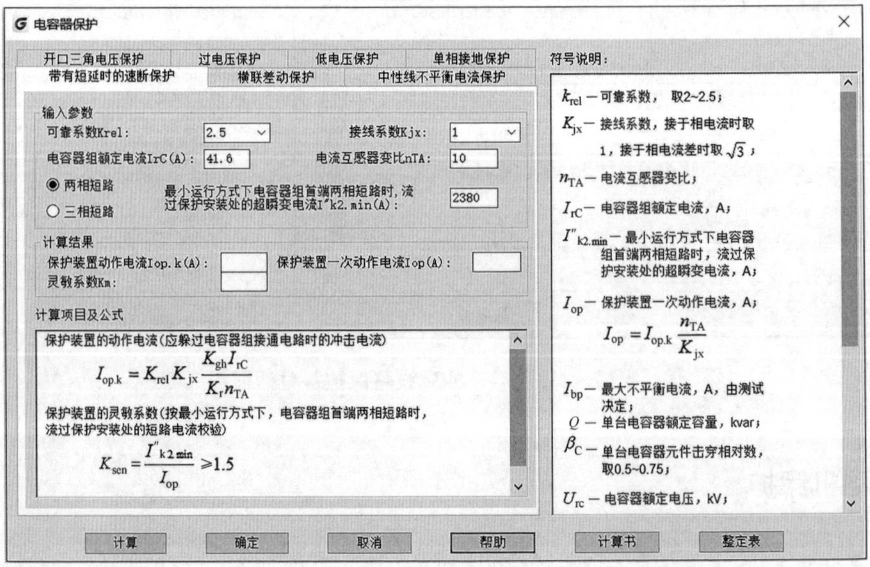

图 7 - 47 “电容器保护”对话框

电容器保护包括无时限或带时限过电流保护、横联差动保护（双三角形接线）、中性线不平衡电流保护（双星形接线）、开口三角电压保护（单星形接线）、过电压保护、低电压保护、单相接地保护共 7 个对话框，标签对话框结构大体相似，在“输入参数”中输入相应的参数，单击【计算】按钮，系统将根据相应的公式计算出结果，且返回在“计算结果”一栏中。

7.10　母线保护

单击【计算】→【继保整定】→【母线保护】，出现如图 7-48 所示的对话框。

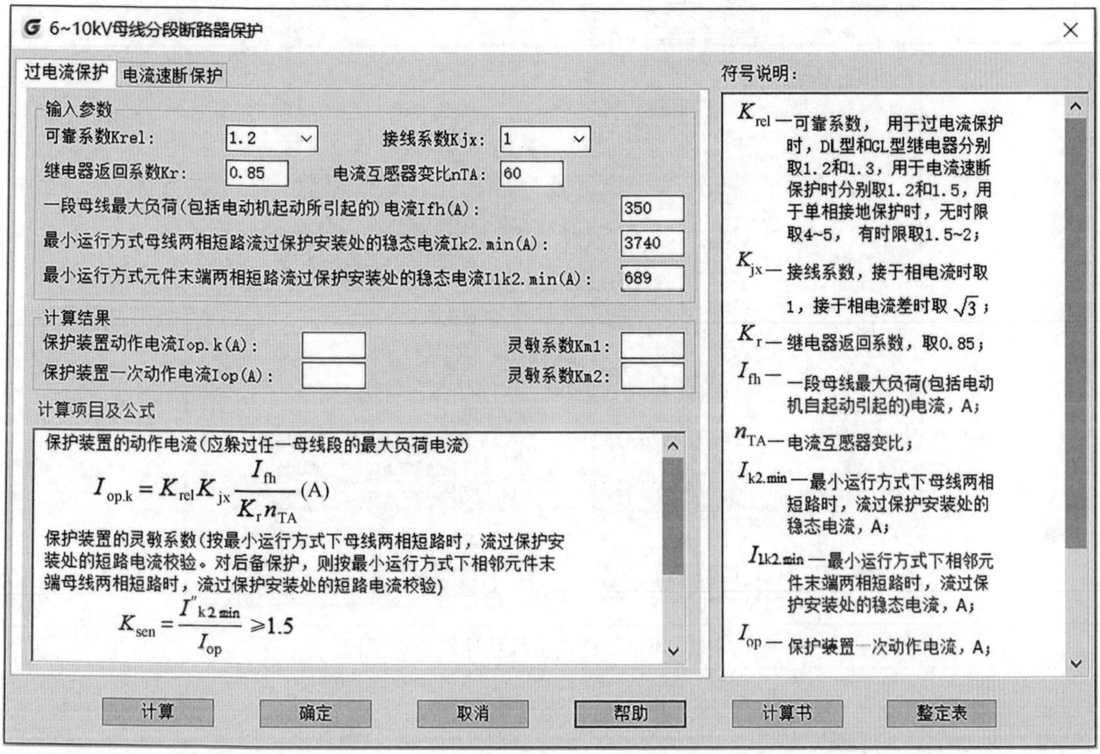

图 7-48　“6～10kV 母线分段断路器保护”对话框

7.11　年雷击次数计算

年雷击次数是指一年内，某建筑物单位面积内遭受雷电袭击的次数，具体数值与建筑物等效面积、当地雷暴日及建筑物地况有关。年雷击次数计算用来计算建筑物的年预计雷击次数，年预计雷击次数是建筑防雷必要性分析的一个指标。

以图 2-1 所示的建筑物为例进行年雷击次数计算，单击【计算】→【防雷计算】→【年雷击数】，出现如图 7-49 所示的对话框。输入建筑物的长、宽、高计算建筑物的等效面积；选择建筑物周围情况；确定建筑物属性。

通过界面上的【<<】按钮查询到规范相关的雷暴日参数和校正系数；按【计算】按钮，计算出结果，并可以通过【计算书】按钮可以生成 Word 格式的计算书，此计算书提供详细的计算过程。按【绘制表格】按钮，可绘制出 CAD 计算表格，按【说明】可查询年预计雷击次数计算说明，包括相关公式和防雷分类。

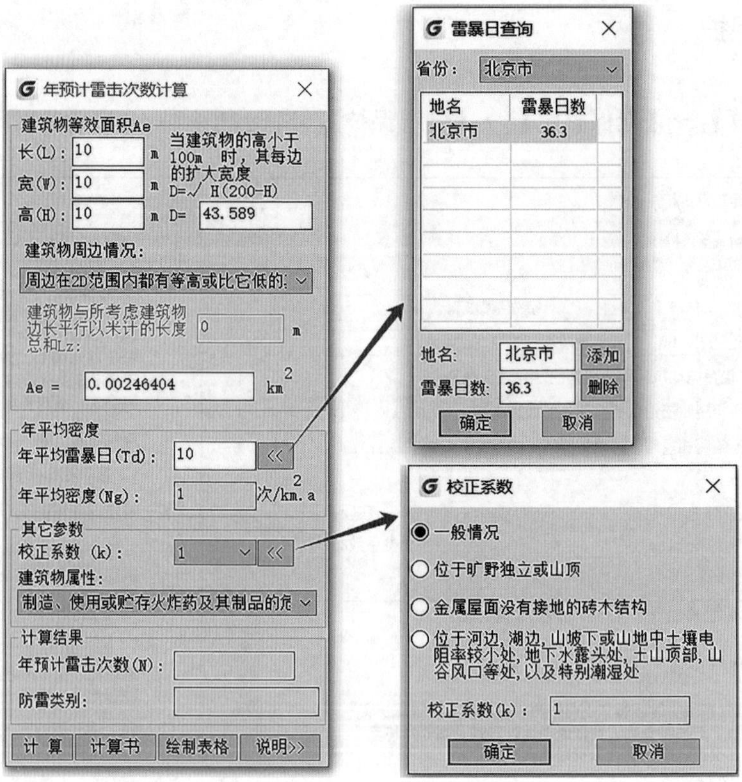

图 7-49 “年预计雷击次数计算”对话框

7.12 接地电阻计算

接地电阻就是电流由接地装置流入大地再经大地流向另一接地体或向远处扩散所遇到的电阻，它包括接地线和接地体本身的电阻、接地体与大地的电阻之间的接触电阻以及两接地体之间大地的电阻或接地体到无限远处的大地电阻。

正确计算和测量接地电阻，是路灯设施接地保护的首要环节。理论上，接地电阻越小，接触电压和跨步电压就越低，对人身越安全。

但接地电阻越小，则人工接地装置的投资也就越大，而且在土壤电阻率较高的地区不易做到。在实践中，可利用埋设在地下的各种金属管道（易燃体管道除外）和电缆金属外皮以及建筑物的地下金属结构等作为自然接地体。由于人工接地装置与自然接地体是并联关系，从而可减小人工接地装置的接地电阻，减少工程投资。

单击【计算】→【接地计算】→【人工接地电阻】，可以进行接地电阻计算。

此部分计算包括以下六项内容，程序的主界面如图 7-50 所示。

包括垂直接地、水平接地、复合接地、杆塔接地、简易计算、双层土壤六个计算分项，通过界面上的【查询】按钮查询到规范相关的参数，按【计算】按钮，计算出结果，并可以通过【计算书】按钮可以生成 Word 格式的计算书，此计算书提供详细的计算过程。

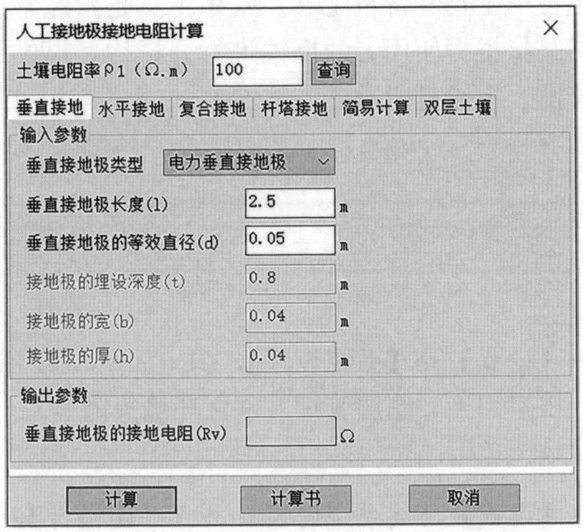

图 7-50　“人工接地极接地电阻计算”对话框

第 8 章　绘图的通用工具

本章的通用工具包括常用工具和特色工具。常用工具是指经常用到的一些功能，例如，图层、文字等。特色工具是指根据使用者的反馈进行分析后，提供的某些特别实用的功能，例如，图纸比较、自动排图、批量打印等。

8.1　常用工具

8.1.1　系统设置

单击【设置帮助】→【设置】→【系统设置】，弹出如图 8-1 所示的"系统设置"对话框，可以设置平面设计、桥架用途、图层管理、软件环境等内容。

1. 平面设计

单击【设置帮助】→【设置】→【系统设置】→【平面设计】，对平面设计中线缆布置初始设置、设备布置的初始设置，强电平面、弱电平面及强电系统图层管理，标注样式定义等。

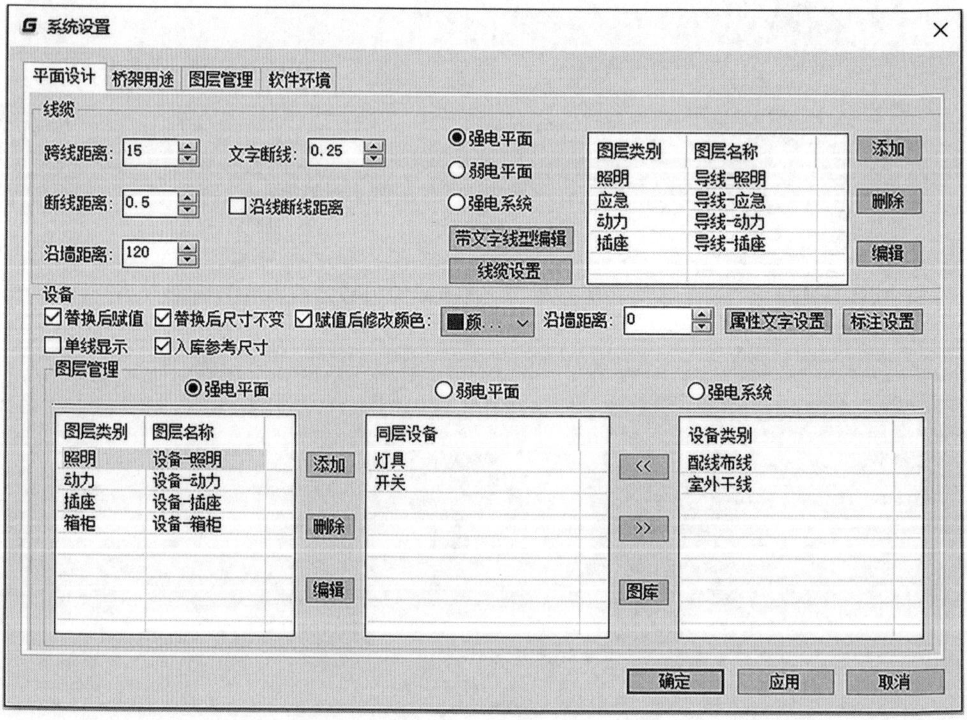

图 8-1　"系统设置"对话框

2. 桥架用途

单击【设置帮助】→【设置】→【系统设置】→【桥架用途】，弹出如图 8-2 所示的“桥架用途”对话框，可以设置桥架用途及图层信息。

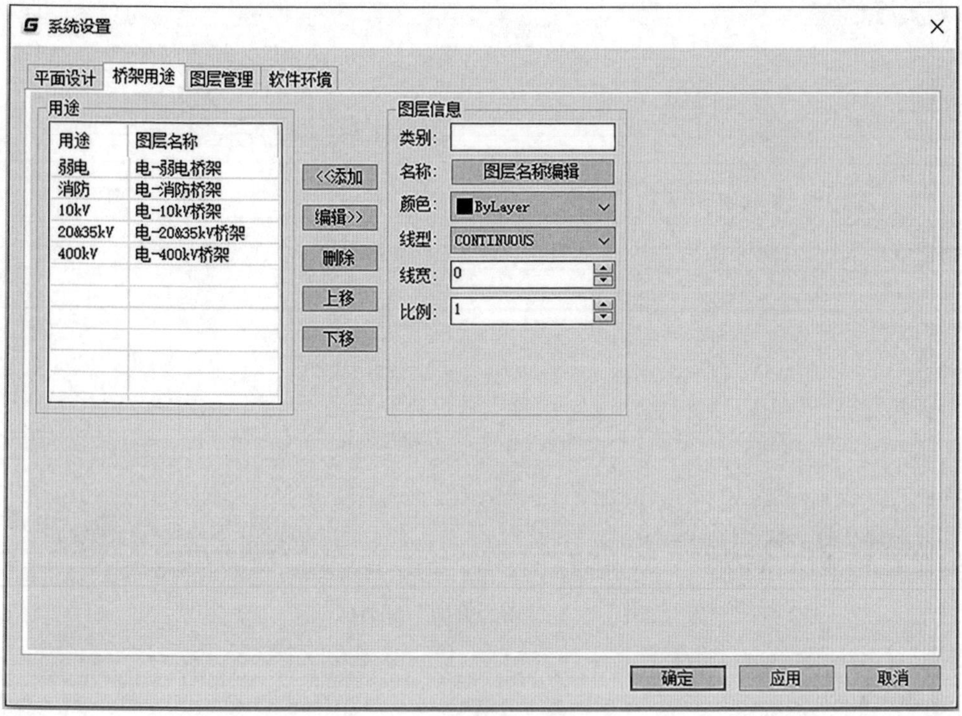

图 8-2 “桥架用途”对话框

3. 图层管理

单击【设置帮助】→【设置】→【系统设置】→【图层管理】，弹出如图 8-3 所示的“图层管理”对话框，可以在图层信息中修改图层名、颜色、线型等信息。修改完成后确定后退出，相应图层进行修改。

4. 软件环境

单击【设置帮助】→【设置】→【系统设置】→【软件环境】，弹出如图 8-4 所示的“软件环境”对话框。

操作步骤：设置工作目录和系统自动存盘时间，设置绘图比例和出图比例。

基本设定：包括目录设置，自动保存时间、绘图比例、出图比例设置。

注：(1) 软件启动后默认绘图比例为 1∶1，默认出图比例为 1∶100。

(2) 绘图比例指图面中的距离和实际距离的比值。

8.1.2　图层设置

单击【设置帮助】→【设置】→【选项设置】，弹出如图 8-5 所示的对话框。

对话框控件的功能说明，见表 8-1。

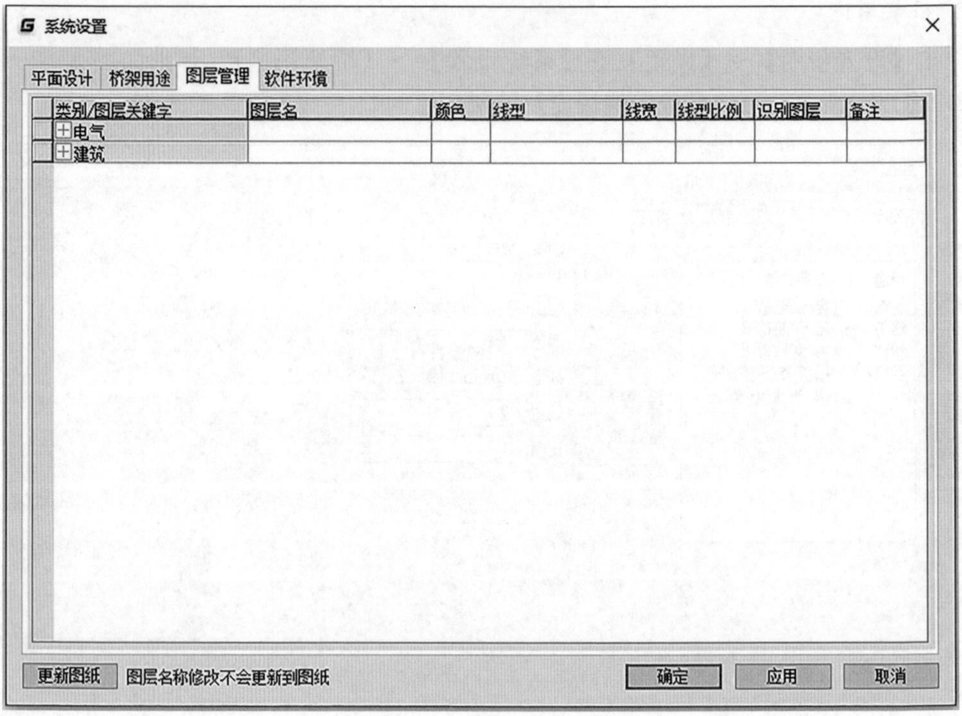

图 8-3　“图层管理”对话框

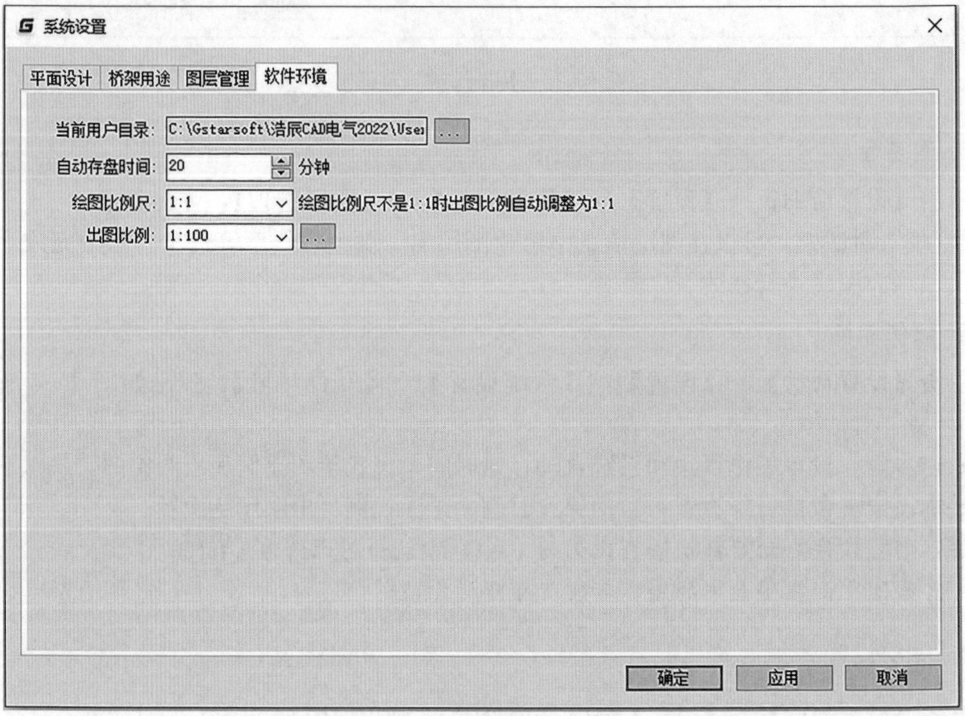

图 8-4　“软件环境”对话框

表 8-1　　对话框控件的功能说明

标题	功　能
类别/图层关键字	图层关键字是系统用于对图层进行识别用的，不能修改
图层名	可以对提供的图层名称进行修改或者取当前图层名与图层关键字对应
颜色	可以修改选择的图层颜色，单击此处可输入颜色号或单击按钮进入界面选取颜色
线型	可以修改选择的图层线型，单击此处可输入线型名称或单击下拉列表选取当前图形已经加载的线型
备注	自己输入对本图层的描述

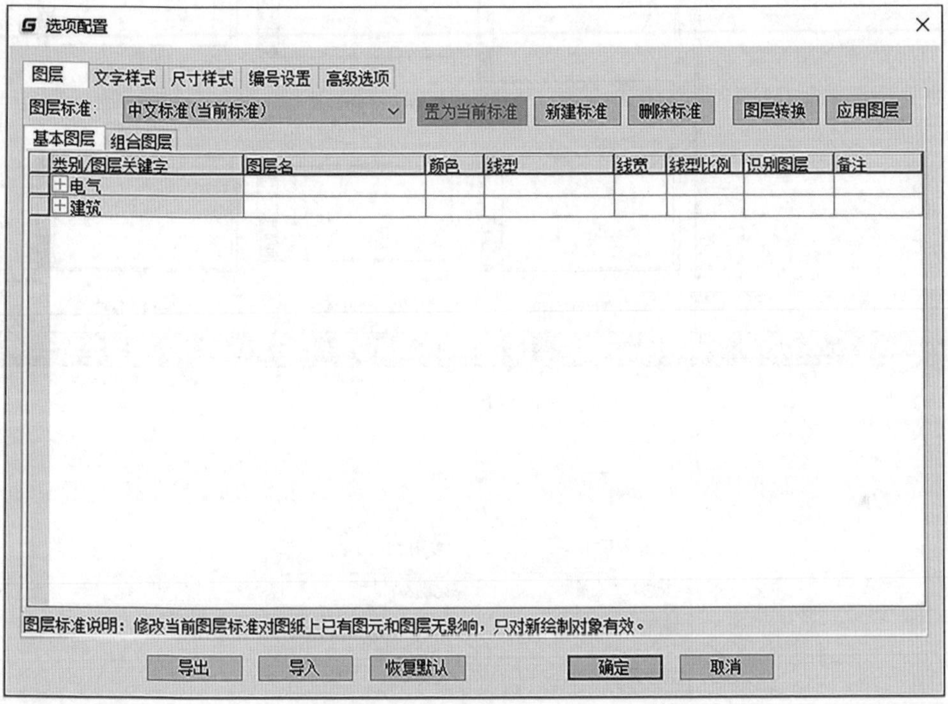

图 8-5　“选项配置”对话框

8.1.3　插入图框

单击【图库】→【图框库】，弹出如图 8-6 所示“图库”对话框。

选中一种图框，单击【OK】，弹出如图 8-7 所示“图块编辑”对话框，指定插入点，即可插入该图框。

8.1.4　图纸目录

单击【平面设计】→【文件布图】→【图纸目录】，弹出如图 8-8 所示的“图纸目录”对话框，本功能用于自动生成图纸目录。

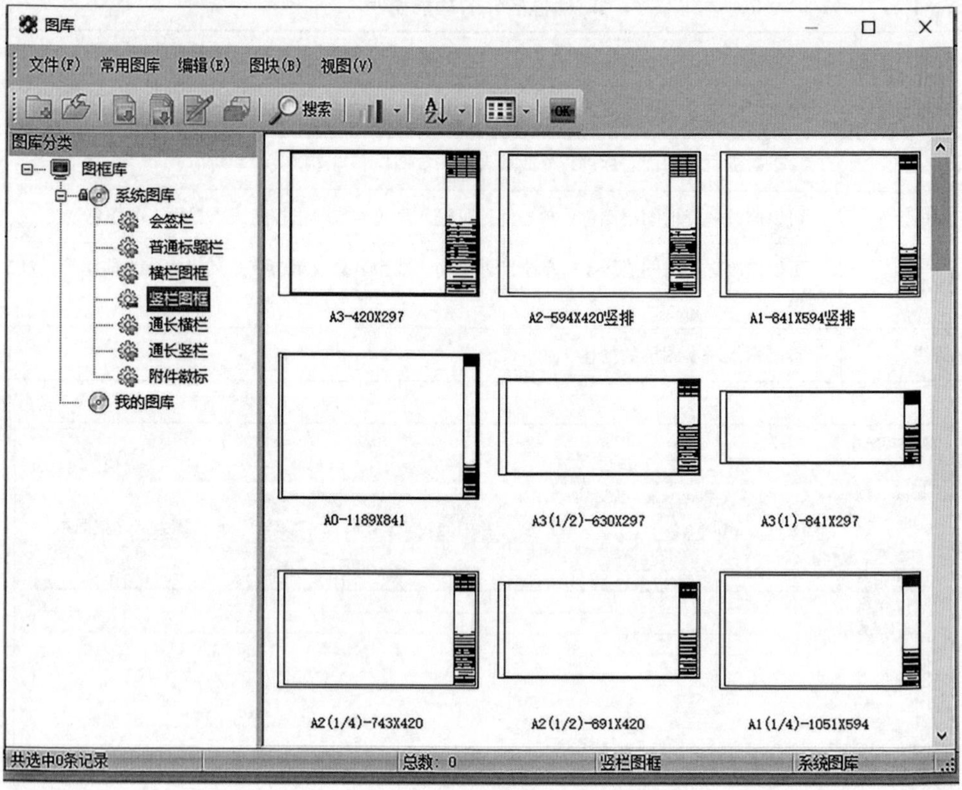

图 8-6 “图库”对话框

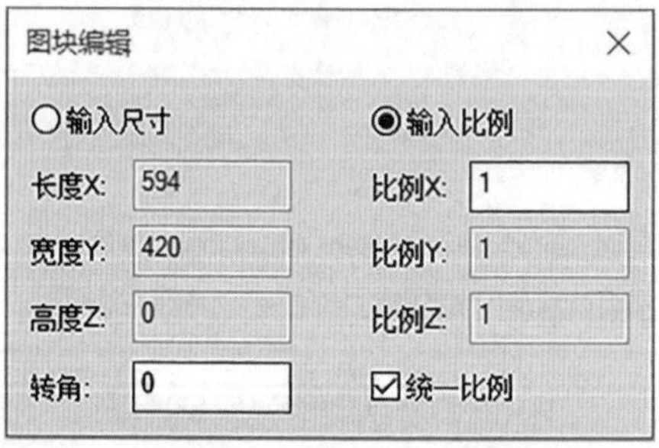

图 8-7 “图块编辑”对话框

注：本命令的执行对图框有下列要求：

(1) 图框的图层名与当前图层标准中的名称一致（默认是建一图框）。

(2) 图框必须包括属性块（图框图块或标题栏图块）。

(3) 属性块必须有以图号和图名为属性标记的属性，图名也可用图纸名称代替，其中图号和图名字符串中不允许有空格，例如不接受“图 名”这样的写法。

对话框控件的功能说明，见表 8-2。

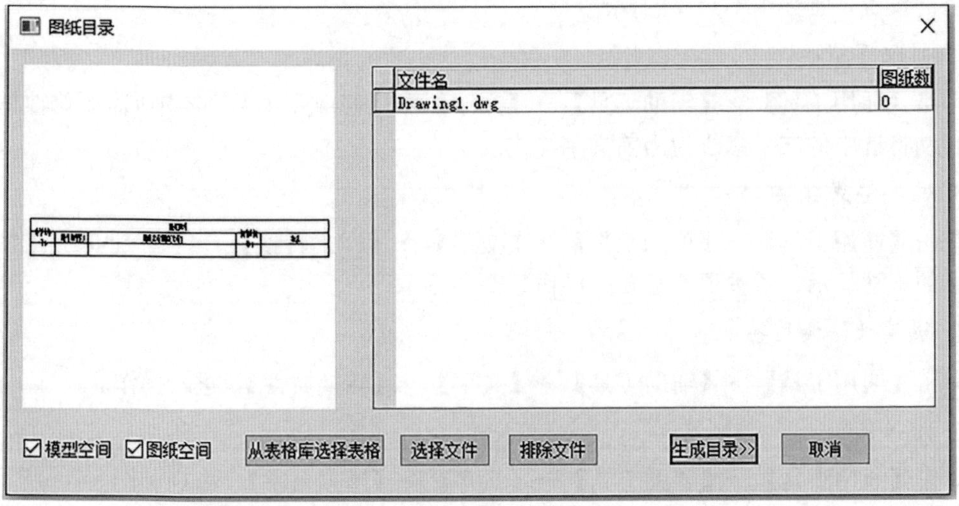

图 8-8　“图纸目录”对话框

表 8-2　　对话框控件的功能说明

控　件	功　能
模型空间	默认勾选表示在已经选择的图形文件中包括模型空间里插入的图框，除选择表示只保留图纸空间图框
图纸空间	默认勾选表示在已经选择的图形文件中包括图纸空间里插入的图框，除选择表示只保留模型空间图框
从图库选择表格	从［图框］命令打开图库，用户在其中选择并双击预先入库的用户图纸目录表格样板，所选的表格显示在左边图像框
选择文件	进入标准文件对话框，选择要添加入图纸目录列表的图形文件，按＜Shift＞键可以一次选多个文件
排除文件	选择要从图纸目录列表中打算排除的文件，按＜Shift＞键可以一次选多个文件，单击按钮把这些文件从列表中去除
生成目录	完成图纸目录命令，结束对话框，由用户在图上插入图纸目录

单击“生成目录”按钮后，在绘图区单击鼠标左键，放置自动生成的目录。

命令行提示如下：

命令：IcTitleList

请点取图纸目录插入位置＜返回＞：

8.1.5　文字

1. 设置字型

单击【通用工具】→【辅助工具】→【文字】→【设置字型】，进行操作。

设置字型弹出的对话框中的预览功能直接包含了预览汉字的功能，此功能大大方便了汉字字型的设置，省去了不必要的操作。

2. 修改字型

单击【通用工具】→【辅助工具】→【文字】→【修改字型】，选中所需要修改的文字后，自动将选中的文字修改为当前文字样式。

3. 文字样式转换

单击【通用工具】→【辅助工具】→【文字】→【样式转换】，可以一键即完成图面所有文字的正常显示，省去了不必要的操作。

4. 块属性转换文字

单击【通用工具】→【辅助工具】→【文字】→【转换属性】，进行操作。

5. 增强文字

单击【通用工具】→【辅助工具】→【文字】→【增强文字】，出现如图 8 - 9 所示“多行文字绘制”对话框。

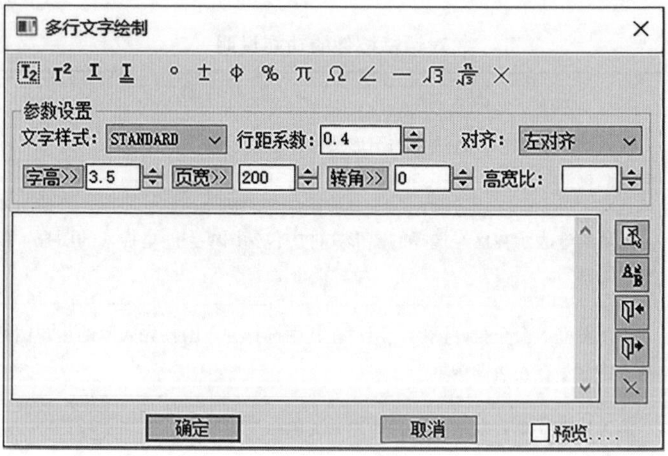

图 8 - 9　“多行文字绘制”对话框

【T_2】：下标，单击此按钮，下标开始的符号是“＜L＞”，结束符号是“＜/L＞”，开始符与结束符之间的文字为下标。例如 T2 可输入为“T＜L＞2＜/L＞”。

【T^2】：上标，上标开始的符号是“＜U＞”，结束符号是“＜/U＞”。

【T】：下划线，下划线开始的符号是“＜S＞”，结束符号是“＜/S＞”，开始符与结束符之间的文字下方有下划线。

【T】：双下划线，双下划线开始的符号是“＜D＞”，结束符号是“＜/D＞”，开始符与结束符之间的文字下方有双下划线。

【°】：度数，例如 38°，击此按钮，插入一个“度数”标记“%%d”。

【±】：“±”符号，击此按钮，插入一个“±”标记“%%p”。

【ϕ】：“ϕ”符号，击此按钮，插入一个“ϕ”标记“%%c”。

【%】：百分号，击此按钮，插入一个“%”标记“%%%”。

【п】：“п”符号，击此按钮，插入一个“п”标记“п”。

【Ω】："Ω"符号，击此按钮，插入一个"Ω"标记"Ω"。

【—】："—"符号，击此按钮，插入一个横杠。

【√】："√"符号，击此按钮，插入一个"√"标记"√"。

【行距系数】：调整行间距，行距＝行距系数×字高。

【字高】：在输入框输入字高，也可以点按钮，到绘图区域选择已有文字的字高，此处的字高已经考虑了出图比例，是打印到图纸上的实际字高。

【页宽】：在输入框输入页宽，页宽控制了文字书写的横向范围，也可以点按钮从绘图空间测量已有的文字宽度范围修改，此处的页宽已经考虑了出图比例，是打印到图纸上的实际宽度。

【转角】：文字的角度可直接输入，也可点按钮从绘图空间测量已有的文字或图形的角度修改。

【高宽比】：文字的字高与字宽的比值。

【】：从图形中拾取已有的文本，编辑修改。

【】：查找/替换编辑框中的文字。

【】：从外部文本文件导入文字，增强编辑器可以编辑已有的 txt 文本。

【】：将已经编辑好的文字存为 txt 文件，可以利用文本文件导入功能导入后编辑。

6. 查找替换

单击【通用工具】→【辅助工具】→【文字】→【查找替换】，可以选择全图或框选图中一部分文字内容，输入被替换的部分，再输入替换的字符，可进行文本替换，并且可替换属性块中的属性文字。

【搜索选项】：可选择是否"匹配整个词"及"匹配大小写"。

（1）当选中"匹配整个词"时，只有当图中某行文字的整行内容与所查找文本相同时才会进行替换。

（2）当选中"匹配大小写"时，只有当图中文字的字符与所查找文本中的字符大小写完全一致时才进行替换。

【搜索类型】：选择是否"文本"及"块属性"。当选中块属性时，会对图中属性块中的属性字进行替换。

【搜索范围】：可选择"全图"或"框选"。选中"全图"时对整个图面的文字进行替换，选中"框选"时，只对框选部分内容进行替换。

7. 前缀后缀

单击【通用工具】→【辅助工具】→【文字】→【前缀后缀】，可以选择前缀或后缀，然后输入所添加字符串，在图面选择文字后即可在每行文字的前面或后面添加上该字符串，如图 8-10 所示"文字添加前缀、后缀"对话框。

8. 文字递增

单击【通用工具】→【辅助工具】→【文字】→【文字递增】，点取所需递增的字符（注：点取需要递增的字符就可以，例如有字符串"A 座二层 1 号"。点中 A 时，则按 B 座、C 座递增；点中二时，按三层、四层递增；点中 1 时，按 2、3 递增）。如图 8-11 所示"增量"对话框。

图 8-10 “文字添加前缀、后缀”对话框

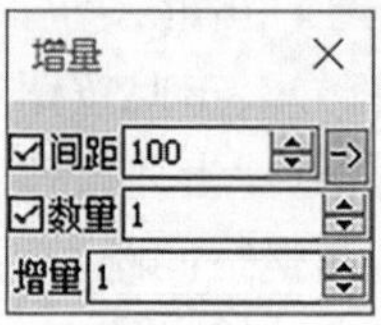

图 8-11 “增量”对话框

【间距】和【数量】递增时可按间距或数量进行。例如对于一个表格，需要在序号列递增。

(1) 若知道表格行数，只选中数量，直接在数量栏中输入行数，然后拖动鼠标至最后一行。

(2) 若表格行数很多，此时可只选中间距，然后点【→】按钮从图中提取行距，拖动鼠标至最后一行。

8.1.6 表格

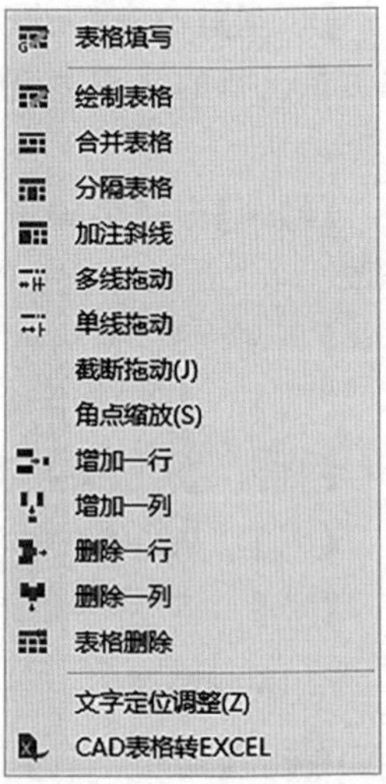

图 8-12 表格功能列表

单击【扩展工具】→【表格工具】，弹出如图 8-12 所示“表格功能列表”。

需要绘制的表格完全由直线和文字构成，编辑方式更加灵活，可以对表格进行拆分、合并、绘制斜线。CAD 软件提供了 16 种表格相关的功能，其说明见表 8-3。

表 8-3 表格工具的功能说明

命令	功　能
表格填写	单击单元格填写文字
绘制表格	设置表格参数并拖动绘制表格
合并表格	将多个单元格合并成一个单元格
分隔表格	将一个单元格分隔成多个单元格
加注斜线	在单元格内加注斜线
多线拖动	拖动选定表格线某一侧的表格
单线拖动	拖动单条表格线
截断拖动	仅拖动单元格的边线
角点缩放	以某个角点为基点缩放表格
增加一行	单击在指定位置增加一行
增加一列	单击在指定位置增加一列
删除一行	单击在指定位置删除一行
删除一列	单击在指定位置删除一列
表格删除	删除整个表格
文字位置调整	调整单元格内的文字的对其方式
CAD 表格转 Excel	将 CAD 中由线和文字构成的表格转换为 Excel 表格

8.1.7　尺寸标注

尺寸标注是设计图纸中的重要组成部分，图纸中的尺寸标注在国家颁布的建筑制图标准中有严格的规定，通常电气设计软件可提供自定义的尺寸标注系统。

1. 快速标注

单击【平面设计】→【尺寸标注】→【快速标注】，本命令特别适用于选取平面图后快速标注外包尺寸线。执行命令后，命令行提示：

命令：IcDimQuickDraw

选择要标注的几何图形：找到 1 个

选择要标注的几何图形：

请指定尺寸线位置（当前标注方式：整体）或[整体(T)/连续(C)/整体加连续(A)]＜退出＞：

2. 逐点标注

单击【平面设计】→【尺寸标注】→【逐点标注】，本命令是一个通用的灵活标注工具，对选取的一串给定点沿指定方向和选定的位置标注尺寸。特别适用于需要取点定位标注的情况，以及其他标注命令难以完成的尺寸标注。执行命令后，命令行提示：

命令：IcDimMP

当前尺寸关联状态：关闭

起点或[参考点(R)/尺寸关联开(D)]＜退出＞：点取第一个标注点作为起始点

第二点或[水平标注(H)/垂直标注(V)/定向标注(D)，当前模式：自由标注]＜退出＞：(点取第二个标注点)

请点取尺寸线位置＜退出＞：(拖动尺寸线，点取尺寸线就位点)

请输入其他标注点或[撤消上一标注点(U)]＜结束＞：(逐点给出标注点，并可以回退)

请输入其他标注点或[撤消上一标注点(U)]＜结束＞：(继续取点，以回车结束命令)

3. 半径标注

单击【平面设计】→【尺寸标注】→【半径标注】，本命令在图中标注弧线或圆弧墙的半径，尺寸文字容纳不下时，会按照制图标准规定，自动引出标注在尺寸线外侧。

4. 直径标注

单击【平面设计】→【尺寸标注】→【直径标注】，本命令在图中标注弧线或圆弧墙的直径，尺寸文字容纳不下时，会按照制图标准规定，自动引出标注在尺寸线外侧。

5. 角度标注

单击【平面设计】→【尺寸标注】→【角度标注】，本命令按逆时针方向标注两根直线之间的夹角，请注意按逆时针方向选择要标注的直线的先后顺序。

6. 弧长标注

单击【平面设计】→【尺寸标注】→【弧长标注】，本命令以国家建筑制图标准规定的弧长标注画法分段标注弧长，保持整体的一个角度标注对象。

7. 弦长标注

单击【平面设计】→【尺寸标注】→【弦长标注】，本命令以国家建筑制图标准规定的弦长标注画法分段标注弦长。

8. 尺寸自调

单击【平面设计】→【尺寸标注】→【尺寸自调】，本命令控制尺寸线上的标注文字拥挤时，是否自动进行上下移位调整，可来回反复切换，自调开关（包括自动上调、自动下调、自调关）的状态影响各标注命令的结果。

8.1.8 符号标注

按照建筑制图的工程符号规定画法，很多设计软件都可提供一整套的自定义工程符号对象，这些符号对象可以方便地绘制剖切号、指北针、引注箭头，绘制各种详图符号、引出标注符号。使用自定义工程符号对象，不是简单地插入符号图块，而是在图上添加了代表建筑工程专业含义的图形符号对象，工程符号对象提供了专业夹点定义和内部保存有对象特性数据，用户除了在插入符号的过程中通过对话框的参数控制选项，根据绘图的不同要求，还可以在图上已插入的工程符号上，拖动夹点或者 Ctrl+1 启动对象特性栏，在其中更改工程符号的特性，双击符号中的文字，启动在位编辑即可更改文字内容。

本命令绘制带有箭头的引出标注，文字可从线端标注也可从线上标注，引线可以多次转折，用于楼梯方向线、坡度等标注，提供共 5 种箭头样式和两行说明文字，如图 8 - 13 所示。

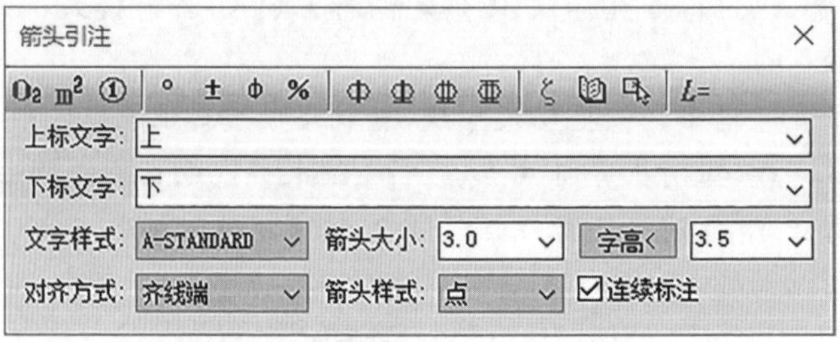

图 8 - 13 “箭头引注”对话框

1. 引出标注

单击【平面设计】→【符号标注】→【引出标注】，弹出如果 8 - 14 所示“引出标注”对话框。本命令可用于对多个标注点进行说明性的文字标注，自动按端点对齐文字，具有拖动自动跟随的特性，默认是单行文字，需要标注多行文字时在特性栏中切换。

2. 做法标注

单击【平面设计】→【符号标注】→【做法标注】，弹出如果 8 - 15 所示的对话框。本命令用于在施工图纸上标注工程的材料做法，通过专业词库可调入北方地区常用的墙面、地面、楼面、顶棚和屋面标准做法。提供了多行文字的做法标注文字，每一条做法说明都可以按需要的宽度拖动为多行，还增加了多行文字位置和宽度的控制夹点。

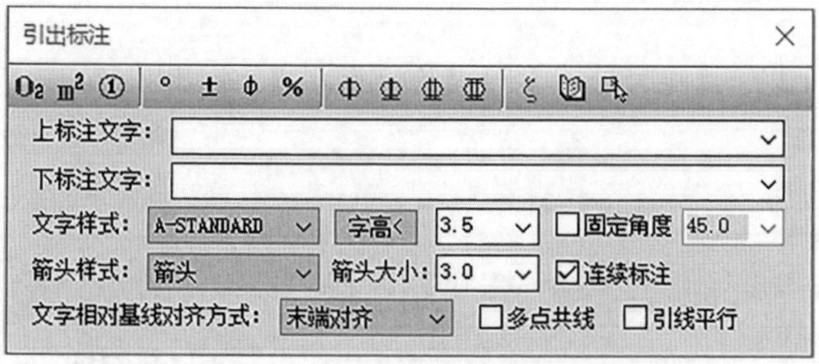

图 8 - 14　“引出标注”对话框

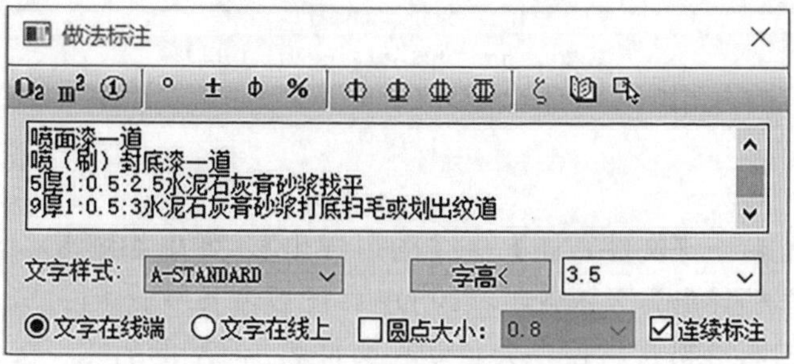

图 8 - 15　“做法标注”对话框

3. 索引符号

单击【平面设计】→【符号标注】→【索引符号】，弹出如果 8 - 16 所示“索引符号”对话框。本命令为图中另有详图的某一部分标注索引号，指出表示这些部分的详图在哪张图上，分为“指向索引”和“剖切索引”两类，索引符号的对象编辑提供了增加索引号与改变剖切长度的功能。

图 8 - 16　“索引符号”对话框

4. 画指北针

单击【平面设计】→【符号标注】→【画指北针】，本命令在图上绘制一个国标规定的指北针符号，从插入点到橡皮线的终点定义为指北针的方向，这个方向在坐标标注时起指示北向坐标的作用。

5. 图名标注

单击【平面设计】→【符号标注】→【图名标注】，弹出如果 8 - 17 所示“图名标注”对话框。

图 8 - 17 “图名标注”对话框

8.1.9 图形导出

单击【平面设计】→【文件布图】→【图形导出】，弹出如图 8 - 18 所示“图形导出”对话框，本命令将图档导出为天正各版本的 DWG 图或者各专业条件图。软件提供天正 3 和天正 6、7、8 版本的图形格式转换，会自动在文件名加 tX 的后缀（X=3、6、7、8），在 2007 以上平台在导出天正 3 格式时会自动把平台格式转换为 R14 格式。

注：在导出时进行了降级存储（当前平台为 R16 则存储为 R15，当前平台为 R15 则存储为 R14），当前图形是设置为图纸保护后的图形时，【图形导出】命令无效。

图 8 - 18 “图形导出”对话框

8.1.10　图层转换

单击【平面设计】→【文件布图】→【图层转换】，弹出如图 8-19 所示“图层转换”对话框，软件可通过外部数据库文件设置多个不同图层的标准，本命令使当前整个 DWG 图形由原图层标准转换为目标图层标准，适宜用于需要大量转换文件图层时使用，本命令仅用于对已有图形的图层进行转换，并不会自动设置当前图层标准为目标图层标准。

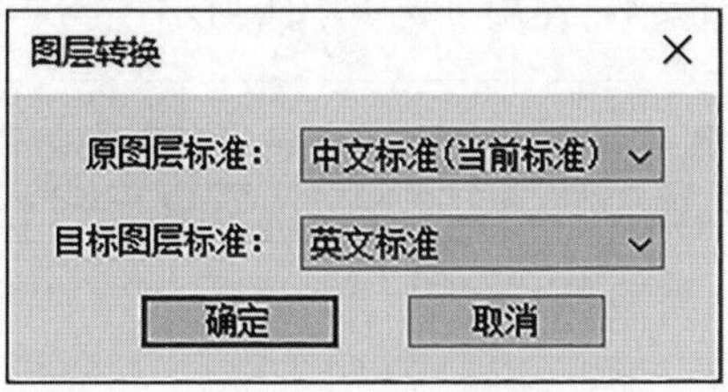

图 8-19　“图层转换”对话框

8.1.11　配置管理

单击【设置帮助】→【设置】→【配置管理】，本命令为用户提供专门的配置文件导入、导出以及恢复默认配置功能。执行命令后，命令行提示：

命令：IcOptionSetManager

请选择配置管理功能[导入(I)/导出(E)/恢复默认(D)]＜退出＞：D(键入相关的快捷字母如 D，弹出如图 8-20 所示的对话框)

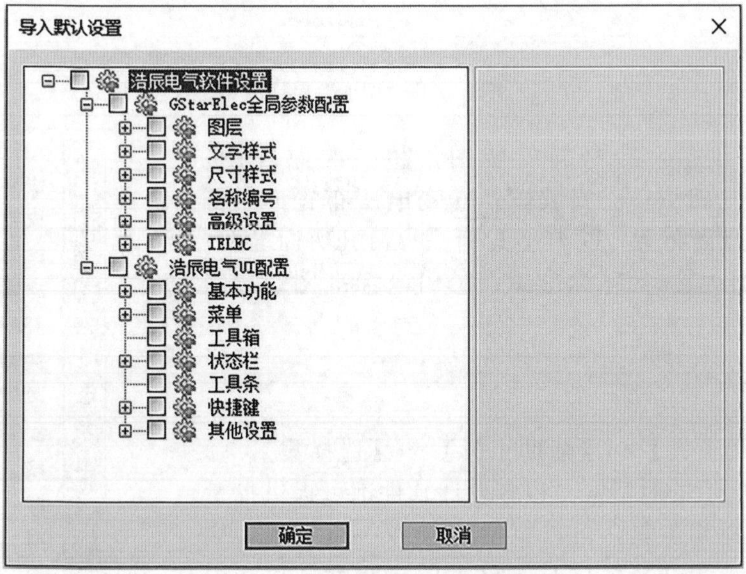

图 8-20　“导入默认配置”对话框

单击【设置帮助】→【设置】→【系统设置】，弹出如图 8-1 所示的“系统设置”对话框，对“平面设计”中线缆布置初始设置、设备布置的初始设置，强电平面、弱电平面及强电系统图层管理，标注样式定义等。

8.2　特色工具

8.2.1　标准图集

单击【图库】→【标准图集】，弹出如图 8-21 所示“图库”对话框。

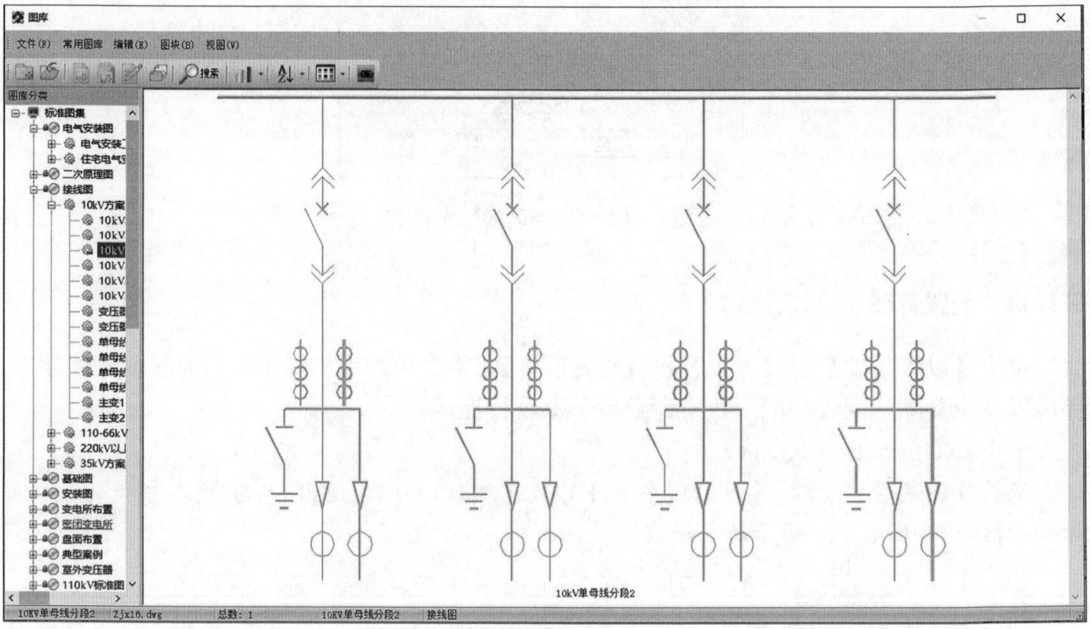

图 8-21　“图库”对话框

标准图集包括：①电气安装图；②二次原理图；③接线图；④基础图；⑤安装图；⑥变电所布置；⑦密闭变电所；⑧盘面布置；⑨典型案例；⑩110kV 标准图；⑪35kV 标准图；⑫66kV 标准图；⑬弱电标准图；⑭用户图库。

8.2.2　选择集

单击【通用工具】→【辅助工具】→【选择集】，弹出如图 8-22 所示的对话框。很多设计软件都可提供批量处理图素的选择集工具，可以灵活地选择一组实体，比平台通过层等设置选择实体具有更大的灵活性。功能说明见表 8-4。

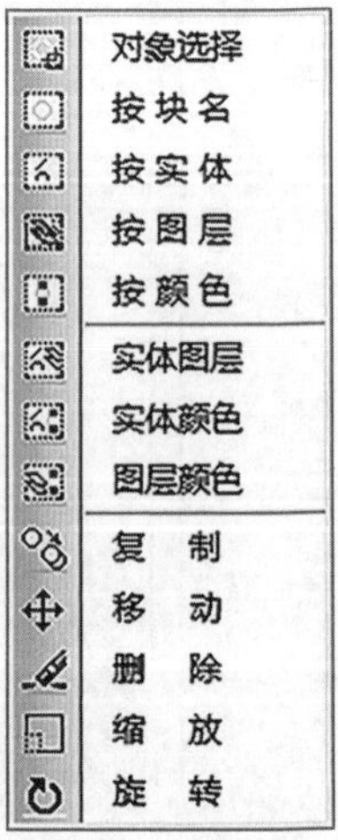

图 8-22　选择集功能表

表 8-4　　选择集功能说明

命令	功　能
对象选择	批量选择对象
按块名	按图块名批量选择图块
按实体	按实体选择同类对象
按图层	按图层批量选择对象
按颜色	按颜色批量选择对象
实体图层	按实体图层选择同图层对象
实体颜色	按实体颜色选择同颜色对象
图层颜色	按图层颜色选择对象
复制	对按照各种属性筛选出的内容进行复制操作
移动	对按照各种属性筛选出的内容进行移动操作
删除	对按照各种属性筛选出的内容进行删除操作
缩放	对按照各种属性筛选出的内容进行缩放操作
旋转	对按照各种属性筛选出的内容进行旋转操作

8.2.3　EXE 词典

单击【辅助工具】→【中英术语】→【EXE 词典】，在 \ 浩辰 CAD 电气 2022 \ system \ 。

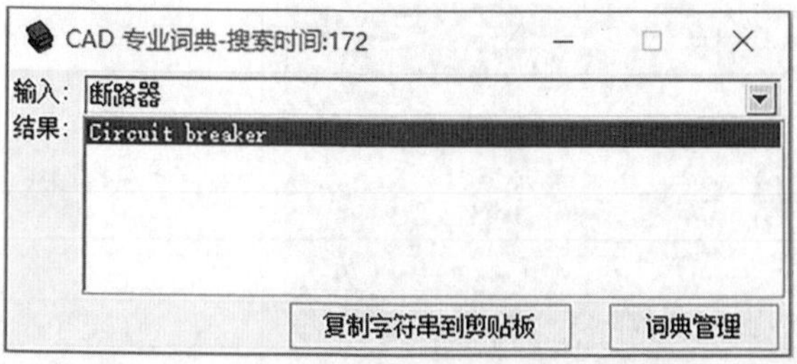

图 8 - 23　“CAD 专业词典”对话框

CadDic. exe，可以在 Windows 下调用运行，运行界面如图 8 - 23 所示。

在“输入”窗口，可输入待查的中文或者英文，在“结果”中自动对应到匹配的译文。

【输入】：可输入待查的中文或者英文。

【结果】：自动对应匹配到的译文。

【复制字符串到剪贴板】：将当前选中的查询结果复制到剪贴板中。

专业词汇库由多个词典组成，可以由客户编辑管理。

【词典管理】：专业词汇库由多个词典组成，客户可以点击此按钮编辑管理。

8.2.4　信息查询

单击【辅助工具】→【信息查询】。

屏幕提示：

命令：HCShowInfo

＊设备/线缆信息窗口＊＝HCShowInfo

选择设备或者电缆：

8.2.5 图纸防修改

图纸常常要给别人查看，但谁都不希望别人在查看自己图纸同时进行修改。图纸防修改功能可以把图纸做成一个整体，只能对该整体进行操作，不能具体编辑图中图元，这能防止他人故意修改自己的图纸。

单击【扩展工具】→【图档工具】→【图纸防修改】，软件提示选择对象，只需选择全部图中实体。

注：经该操作处理后的图纸将不可再编辑，在使用此功能前请先备份原图。

8.2.6 图纸比较

单击【辅助工具】→【图纸比较】，只要选择两张需要进行比较的图纸，程序会自动分析两张图纸的不同，自动打开这两张图，并将不同之处在新旧两张图中用颜色进行标识。还可以点取“选项”按钮对标识颜色进行设置。

8.2.7 自动排图

单击【扩展工具】→【打印工具】→【自动排版】，出现如图 8 - 24 所示“自动排图”对话框。本命令可自动搜索图框，根据图框尺寸进行计算，将多幅图纸合理排布于一张大幅面图纸上。

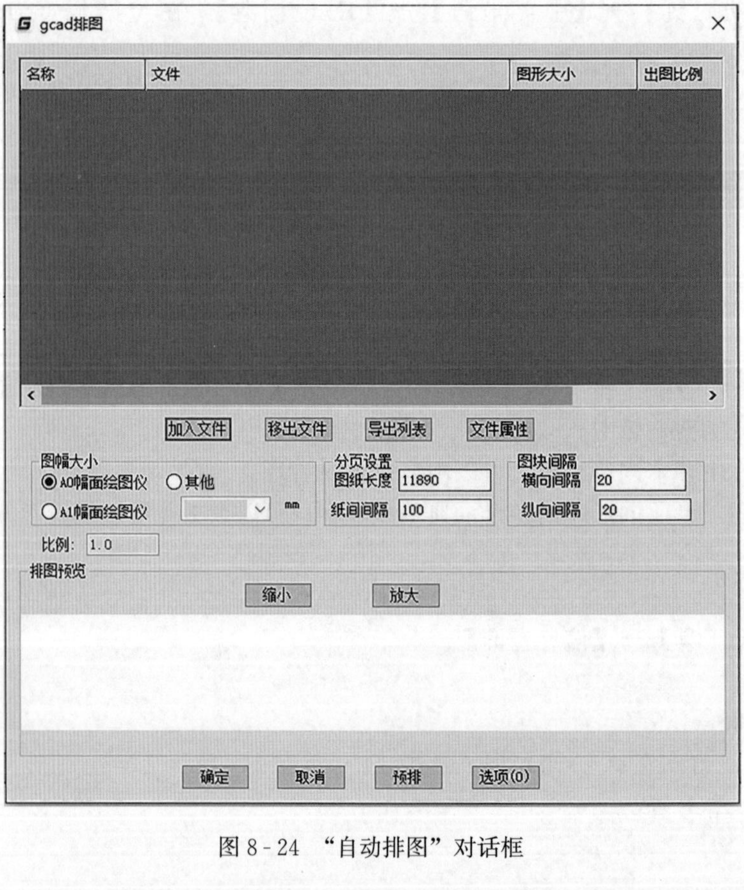

图 8 - 24 “自动排图”对话框

为了得到理想的排图效果，可先设定使用专业。单击“选项”按钮，弹出如图 8-25 所示“高级选项”对话框。

单击“加入文件”按钮，弹出如图 8-26 所示“添加文件方式”对话框，在对话框中可以设置文件的添加方式。

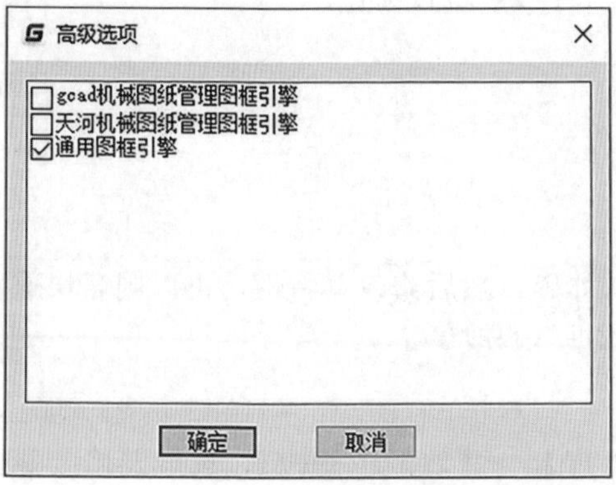

图 8-25　“高级选项”对话框

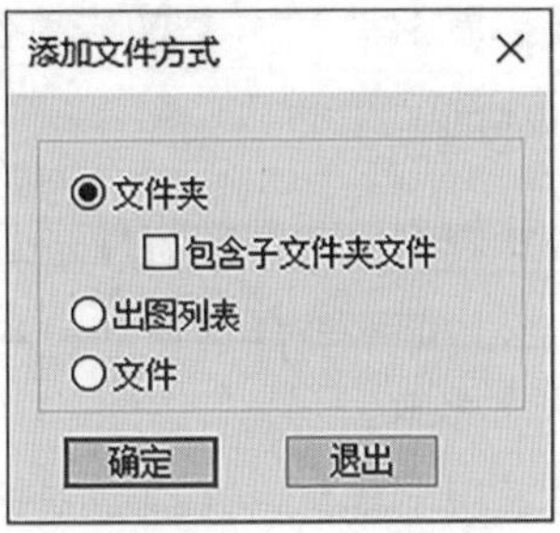

图 8-26　“添加文件方式”对话框

选择完成后在列表中就会列出所有文件，单击“预排”按钮，预览排布效果，如图 8-27 所示。选择“预排”后，系统就会对上面的图框进行智能排图，在“排图预览”窗口中显示排图效果。

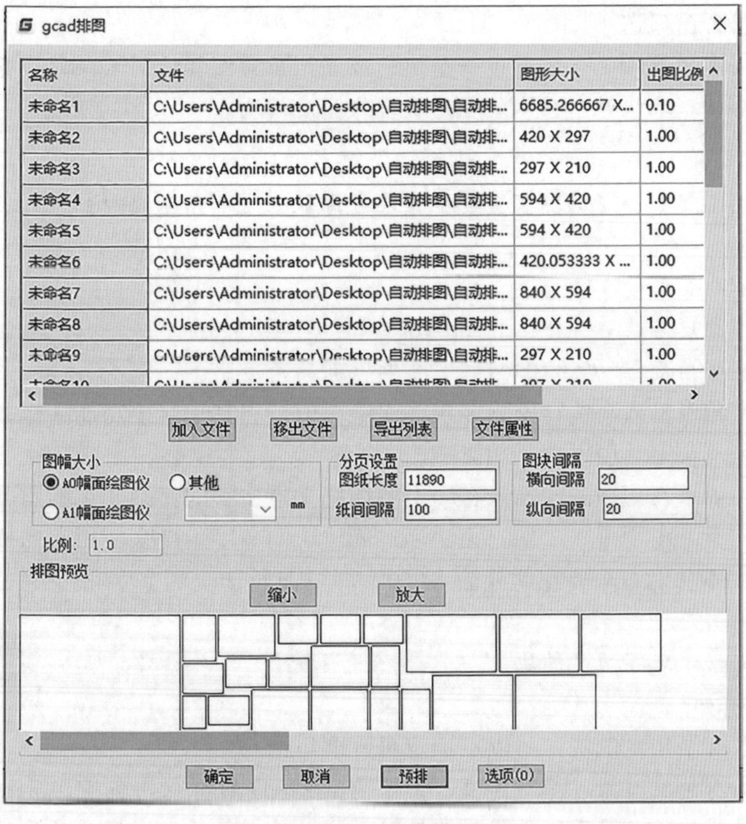

图 8-27　预排效果

如果预览效果满意，可单击“确定”，系统将进行正式排图，将参与排图的图框插入到当前文件中，实排效果如图 8-28 所示。

8.2.8　批量打印

单击【扩展工具】→【打印工具】→【批量打印】，进行操作。

8.2.9　增强表格

单击【扩展工具】→【增强表格】，进行操作。

8.2.10　块处理

如果需要修改块的某些特性，必须先将此块炸碎，然后修改其特性，再以同名块重新定义和保存。本功能无需这些操作，直接可对块体进行修改。

1. 块颜色修改

单击【通用工具】→【辅助工具】→【块处理】→【块颜色修改】，选取要修改颜色的块，可点选也可开窗口选。

注：由于 AutoCAD 的特点，只要用本功能修改当前图中一个块的颜色，当前图其他同名块的颜色实际也都被修改了，且下次再插入此块时，插入的也是改过颜色后的块。

2. 块线宽修改

单击【通用工具】→【辅助工具】→【块处理】→【块线宽修改】，选取要修改线宽的块，可点选也可开窗口选。

注：只要用本功能修改当前图中一个块的线宽，当前图其他同名块的线宽实际也都被修改了，且下次再插入此块时，插入的也是改过线宽后的块。

3. 字角度修改

单击【通用工具】→【辅助工具】→【块处理】→【字角度修改】

屏幕提示：

命令：IElecbChgAng

* 块体文字角度修改 * ＝IElecbChgAng

请输入新文字角度(带@为相对)＜0＞：输入新的角度。

此处的文字角度输入有些特殊，如果输入绝对值，和其他修改功能一样；但如果输入相对值，则所选块的文字角度不会互相影响。

举个例子：如果在当前图中插入在墙上的插座是带文字的，则文字的角度相对于坐标系来说各个角度均有，由于是一个块，无法通过修改块的文字角度来使所有的插座的文字角度均为 0°。此时用本功能，只要在此处输入@0，即可使所选块的文字角度为 0°，且相互之间没有影响。

＞请选择需修改文字角度的块：

＞Select objects：

选取要修改文字角度的块，可以点选也可开窗口选。

注：(1) 输入角度时输入绝对角度，由于 AutoCAD 的特点，当前图其他同名块的文字角度实际也都被修改了，且下次再插入此块时，插入的也是改过文字角度后的块。

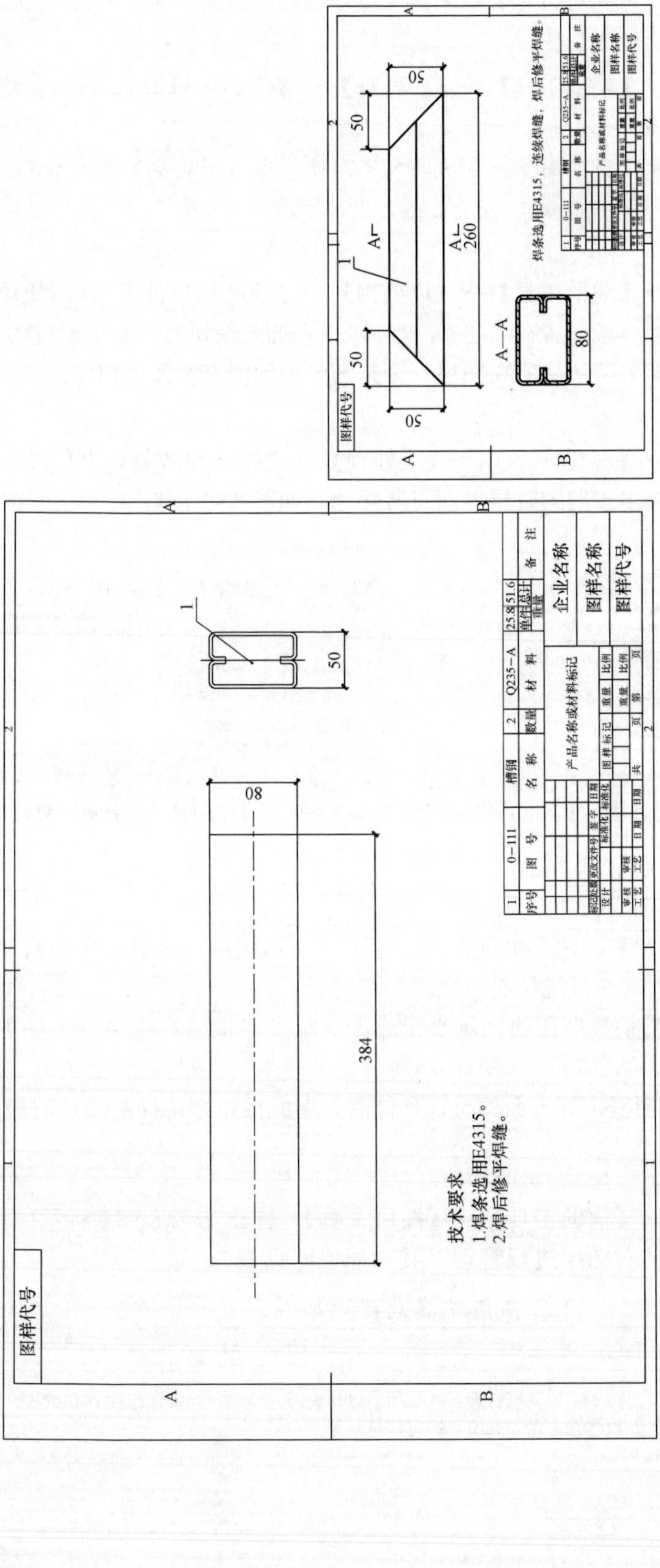
图样代号
A—A
50
50
260
80
焊条选用E4315，连续焊缝，焊后修平焊缝。
企业名称
图样名称
图样代号
技术要求
1.焊条选用E4315。
2.焊后修平焊缝。
384
80
50
0—111
槽钢
2
Q235—A
25.8
51.6
序号
图　号
名　称
数量
材　料
单件
总计
重量
备　注
产品名称或材料标记

图 8-28　实排效果

（2）输入相对角度（带@），则当前图中的块不会互相影响。

（3）尤为方便的是，用相对值对块做完修改后，统计时仍属于同一个块。

4. 字高度修改

单击【通用工具】→【辅助工具】→【块处理】→【字高度修改】，选取要修改文字高度的块，可点选也可开窗口选。

注：只要用本功能修改当前图中一个块的文字高度，当前图其他同名块的文字高度实际也都被修改了。

5. 块图层修改

单击【通用工具】→【辅助工具】→【块处理】→【块图层修改】，将图块中的实体全部设置在同一个图层上（一般设置在 0 层），这样可以在插入图块时，减少设置的图层数量，也可以在关闭图层时，即关闭图块所在图层，否则需要关闭所有涉及的图层。

6. 统计块数量

单击【通用工具】→【辅助工具】→【块处理】→【统计块数量】，可以统计当前图，也可以统计多张图，选择多张图的时候界面有所变化，如图 8 - 29 和图 8 - 30 所示。

图 8 - 29　“当前图统计块数量”对话框

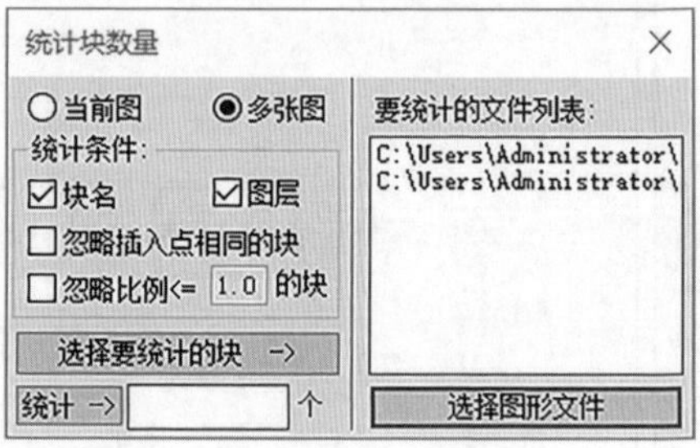

图 8 - 30　“多张图统计块数量”对话框

【块名】按块名统计数量。

【图层】按块所在的图层统计数量。

【忽略插入点相同的块】即两个块重合到一起了，又不知道，这时程序会自动处理这一情况，把两个插入点相同的块只统计成一个。

【忽略比例＜＝1.0 的块】即图块比例小于或者等于设定值时，程序自动处理这些图块不计入统计范围之内。

【选择要统计的块】当确定好上面的统计条件后，用此按钮来选择要统计的块。

8.2.11　图层工具

单击【通用工具】→【辅助工具】→【图层工具】，弹出如图 8 - 31 所示“图层工具”对话框，可使用其方便的对图层进行管理。其功能说明见表 8 - 5。

表 8-5　图层工具功能说明

命令	功　能
审图工具	对图层进行管理，各类图层以列表形式显示，当前图纸中存在的图层会呈现可编辑状态，例如关闭，锁定，打开等

续表

命令	功　能
关闭单选	执行此命令后，在图中点击一实体，则该实体所在层被关闭
关闭多选	执行此命令后，在图中点选或框选多个实体，则该实体所在层被关闭
关闭其他	执行此命令后，在图中点击一个或多个实体，则除了该实体所在层外所有其他图层都会被关闭
打开全部	执行此命令后，所有图层都会被打开
锁定选择	执行此命令后，在图中点击一个或多个实体，则该实体所在层被锁定
锁定其他	执行此命令后，在图中点击一个或多个实体，则除了该实体所在层外所有其他图层都会被锁定
锁定全部	执行此命令后，图中所有图层都被锁定
解锁选择	执行此命令后，在图中点击一个或多个实体，则实体所在层被解锁
解锁全部	执行此命令后，所有图层都会被解除锁定
冻结选择	执行此命令后，在图中点击一个或多个实体，则该实体所在层被冻结
冻结其他	执行此命令后，在图中点击一个或多个实体，则除了该实体所在层外所有其他图层都会被冻结
解冻全部	执行此命令后，所有图层都会被解冻
删除选择	执行此命令后，在图中点击一个或多个实体，则该实体所在图层被删除，同时图层上所有实体被删除

注：1. 当前层不能关闭，关闭的层不能设为当前层。

2. 如果用户为了编辑图形的方便，需要频繁开关图层，用此功能非常方便。

8.2.12　标准化层

单击【通用工具】→【辅助工具】→【标准化层】，弹出如图 8 - 32 所示“图层标准化转换工具”对话框，本功能可以读取低版本软件绘制的图纸，转化为当前版本可识别的图层。

图 8 - 31　“图层工具”对话框

图 8 - 32　“图层标准化转换工具”对话框

第9章　建筑信息模型BIM概论

近年来，建筑信息模型（Building Information Modeling，BIM）已经成为国内外研究专家和工程技术人员密切关注的焦点。在2022年1月发布的《“十四五”建筑业发展规划》中，已明确加快推进BIM技术在工程全生命周期的集成应用，健全数据交互和安全标准，强化设计、生产、施工各环节数字化协同，推动工程建设全过程数字化成果交付和应用。

随着我国经济可持续增长、城镇化快速发展，工程建设项目的规模日趋增大，工程设计任务不断加重，施工过程日益复杂，这就增加了建筑业的设计难度、施工难度。与此同时，建筑业为适应快速发展的需要必须解决好两大问题，一是技术和管理水平落后，特别是设计单位与施工单位的技术水平低下，不能满足建筑业快速发展的要求；二是存在资源浪费现象，经常会出现因需要重新设计、待工、窝工、返工而产生的一系列问题。因此，工程建设行业对BIM技术的应用需求与日俱增，借助信息技术来实现我国建筑业的跨越式发展和提高生产效率已成为建筑业的首要任务，而BIM技术的应用和基于BIM技术的专业应用软件的开发、推广成为建筑业转型升级的重要有效手段。

9.1　BIM基本概念

在数字时代的背景下，各行业均已开展数字化转型。BIM技术作为数字化转型核心技术，逐渐从以施工阶段为主的应用向全生命周期应用辐射，将建筑在全生命周期内的工程信息、管理信息和资源信息集成在统一模型中。住建部在《中国建筑业信息化发展报告(2021)》中聚焦智能建造，强调积极推动数字设计、智能生产、智能施工和智慧运维，加速建筑信息模型（BIM）技术的研发和应用。

随着中国经济的可持续增长、城镇化的快速发展，工程建设项目的规模日趋增大，工程设计任务不断加重，施工过程日益复杂，这就增加了建筑业中的设计难度和施工难度。与此同时，建筑业为适应快速发展的需要必须解决好两大问题，一是技术和管理水平落后，特别是设计单位与施工单位的技术水平低下，不能满足建筑业快速发展的要求；二是存在资源浪费现象，经常会出现因需要重新设计、待工、窝工、返工而产生的一系列问题。因此，工程建设行业对BIM技术的应用需求与日俱增，借助信息技术来实现我国建筑业的跨越式发展和提高生产效率已成为建筑业的首要任务，而BIM技术的应用和基于BIM技术的专业应用软件的开发、推广成为建筑业转型升级的重要有效手段。

9.1.1　BIM的起源

建筑信息模型（Building Information Modeling，BIM）的历史可以追溯到20世纪70年代，当时佐治亚理工学院的Chuck Eastman教授提出了“Building Description System”的概念，试图将制造业的产品信息模型引入建筑领域。他主张建立一个全面详细的数据库，并在美国进行推广。这一理念为 BIM 的起源打下了基础，Chuck Eastman 教授被誉为“BIM 之父”。80 年代，芬兰学者进一步研究了“Product Information Model”体系，推动了 BIM 的发展。1997 年，Tolman 教授发表了关于“Building Information Modeling”的论文，正式提出了 BIM 的概念。

然而，由于当时计算机技术水平有限，BIM 技术并没有得到广泛应用。直到 2002 年，Autodesk 公司推出了一款三维建筑设计软件，开始在建筑设计领域推广，并逐渐得到业内认可。这标志着 BIM 由理论研究逐渐走向实际应用，成为解决工程实际问题的工具。

BIM 不仅仅是一种设计软件，它是一个完整的理论体系，用于数字化描述建筑。基于 BIM 思想的三维设计技术已经成为工程行业的新兴设计方法，推动了建模软件、深化分析软件、施工项目管理软件等工具的快速发展。这些工具在建筑的建造过程中得到广泛应用，有助于提高工作的准确性和效率。

然而，真正发挥 BIM 的潜力需要将其应用于项目的全生命周期，包括项目立项、设计、招标、实施、运营维护、改造拆除等各个阶段。这要求建立基于 BIM 模型的数字化建筑数据流传和使用体系，以实现信息的实时交流和问题的及时处理。因此，BIM 技术的未来潜力在于数字化 BIM 模型，并基于建筑数据的二次应用和服务能力。基于 BIM 的应用开发将成为行业发展的重要基础。

9.1.2　BIM 的定义

通常来讲，建筑信息模型（BIM）的定义包括以下三个组成部分：

（1）BIM 是一个工程建设项目物理和功能特性的数字表达。

（2）BIM 是一个共享的知识资源，分享有关建筑设施的信息，为建筑生命周期中的所有决策提供可靠依据的过程。

（3）在项目的不同阶段，不同利益相关方通过在 BIM 中插入、提取、更新和修改信息，以支持和反映其各自职责的协同作业。

然而，自 BIM 的概念出现至今，对于 BIM 技术的定义并没有形成统一而权威的说法，不少机构或学者，尤其是欧美地区都纷纷对 BIM 进行了定义。

（1）美国 NBIMS（National Building Information Modeling Standard）定义 BIM 为“BIM，is a digital representation of physical and functional characteristics of a facility. A BIM is a shared knowledge resource for information about a facility forming a reliable basis for decisions during its life-cycle; defined as existing from earliest conception to demolition.”该定义主要强调了 BIM 技术是一个建设项目物理特征和功能特性的数字化表达，是一个在全生命周期中为所有决策者提供可靠数据的过程，是在不同设计阶段提供不同专业协同工作与系统设计的技术。

（2）英国 BIM 标准对 BIM 的定义为“Data beyond graphics. The creation and use of co-ordinated，internally consistent，computable information about a building project in design and construction.”该定义认为 BIM 技术不仅包括图形，也包括其上游的数据。在设计和施工流程中创建和使用协调、内部一致且可计算的建筑项目信息。

不同的组织机构对 BIM 亦有不同注解与定义：

（1）Autodesk 的定义：建筑信息模型（BIM）是指建筑物在设计和建造过程中，创建和使用的“可计算数字信息”。而这些数字信息能够被程序系统自动管理，使得经过这些数字信息所计算出来的各种文件，自动地具有彼此吻合、一致的特性。

(2) 国际标准组织设施信息委员会 (Facilities Information Council) 的定义：建筑信息模型 (BIM) 是在开放的工业标准下对设施的物理和功能特性及其相关的项目生命周期信息的可计算或可运算的形式表现，从而为决策提供支持，以便更好地实现项目的价值。

(3) 中国住房和城乡建设部的定义：建筑信息模型 (BIM) 是一种应用于工程设计、建造、管理的数字化工具，通过参数模型整合各种项目的相关信息，在项目策划、运行和维护的全生命周期过程中进行共享和传递，使工程技术人员对各种建筑信息做出正确理解和高效应对，为设计团队以及包括建筑运营单位在内的各方建设主体提供协同工作的基础，在提高生产效率、节约成本和缩短工期方面发挥重要作用。

(4) 百度百科的定义。建筑信息模型 (BIM) 是以三维数字技术为基础，集成了建筑工程项目各种相关信息的工程数据模型，是对该工程项目相关信息的详尽表达。建筑信息模型 (BIM) 是数字技术在建筑工程中的直接应用，以解决建筑工程在软件中的描述问题，使设计人员和工程技术人员能够对各种建筑信息做出正确的应对，并为协同工作提供坚实的基础。建筑信息模型 (BIM) 同时又是一种应用于设计、建造、管理的数字化方法，这种方法支持建筑工程的集成管理环境，可以使建筑工程在其整个进程中显著提高效率和大量减少风险。

(5) 维基百科的定义。Building Information Modeling (BIM) is the process of generating and managing building data during its lifecycle. Typically, it uses three - dimensional, real - time, dynamic building modeling software to increase productivity in building design and construction. The process produces the Building Information Model (also abbreviated BIM), which encompasses building geometry, spatial relationships, geographic information, and quantities and properties of building components.

9.1.3 BIM 的特点

BIM 可用于建筑项目的全生命周期，包括规划设计阶段、施工阶段、后期运营维护阶段的决策等。BIM 技术绝不仅仅是一系列的三维建模工具软件，也不是 CAD (Computer Aided Design，计算机辅助设计) 技术的升级，而是信息技术与建筑业的深度融合，BIM 模型是建筑数据最重要的来源。BIM 主要有以下的特点：

(1) 可视化。BIM 实现“所见即所得”。“所见”是指可以让观者看到准确的形状和建筑各结构体之间的视觉关系，“所得”是指不但可以在视觉上看到，还可以通过 BIM 的数据获得大量的准确信息，包括尺寸、材质、结构特点、体积、面积等。这种直观的方式，方便不同专业背景的参与者沟通交流，在建造期间可大大避免出现各专业冲突的现象，尤其是复杂建筑设计中，减少了工程中由于设计问题导致的返工，从而有效地控制建造成本。可视化方式削弱了专业壁垒，让设计方与业主方的沟通变得更加有效，业主也能够直观地理解建设项目的设计意图，把控建造过程。应用 BIM 技术在整个建造过程中，通过可视化的方式，有效地进行项目的进度管理、成本管理和风险控制，可极大地提升项目管理的科学化水平。

(2) 数字化。BIM 实现工程项目数字化。BIM 技术不再是简单的绘图或建模工具，而是以三维的方式建立建筑信息模型。其基本组成元素（梁、柱、墙、门窗等）包含着丰富的信息，例如物理信息、几何信息、技术信息、构造信息等，这些信息以数字化的形式存储在模型的数据库中，从而实现了项目管理过程中对大量数据的有效存储、快速准确计算和分析。

BIM 模型是建筑数据的载体，用丰富的多维度信息来定义图元的特征，确定各构件之间的关系。这些数字资源在建筑的全生命周期中提供了巨大的资源和宝藏。

（3）协同性。BIM 的协同性。BIM 的可视化和数字化特点，为建筑项目各参与方的信息共享提供了特有的支撑，为建筑全生命周期中所有参与者提供了协同工具。BIM 是一个透明的、可核查的、可复制的、可持续的系统工作平台，在这个平台上，设计方、建设方和施工方等项目各参与方可以及时进行沟通，共享项目信息。BIM 可以帮助解决项目从勘探设计，到环境适应，最后到具体施工的全过程协同问题。在建筑物建造前期，可以对建筑信息模型中各专业的碰撞问题进行协调，生成协调数据，并能在模型中生成解决方案，为提升管理效率提供了极大的便利。

（4）模拟性。BIM 的模拟性。在设计阶段，BIM 可以通过模拟进行设计优化，如朝向分析、节能分析、疏散模拟、日照模拟、热能传导模拟等；在施工阶段，可以进行施工过程模拟来优化施工组织，从而确定合理的施工方案指导实际施工，控制施工进度。同时还可进行 5D 模拟，实现成本管理等。

（5）优化性。BIM 的优化性。在实际工程中，整个设计、施工、运营的过程就是一个不断优化的过程。当然优化和 BIM 也不存在实质性的必然联系，但在 BIM 的基础上可以做更好的优化。优化受三种因素的制约：信息、复杂程度和时间。没有准确的信息，做不出合理的优化结果，BIM 模型提供了建筑物的实际存在的信息，包括几何信息、物理信息、规则信息，还提供了建筑物变化以后的实际存在信息。复杂程度较高时，参与人员本身的能力无法掌握所有的信息，必须借助一定的科学技术和设备的帮助。现代建筑物的复杂程度大多超过参与人员本身的能力极限，BIM 及与其配套的各种优化工具提供了对复杂项目进行优化的可能。

9.1.4 BIM 的价值

建筑信息模型（Building Information Modeling，BIM）在建筑业中的应用价值体现在不同阶段的项目生命周期中，为项目的各个环节带来了多重益处：

1. 设计阶段的价值

（1）高效协同设计：BIM 促进各专业之间更紧密的合作，设计师可以在同一模型上工作，随时查看其他专业信息，提高沟通效率，帮助甲方进行方案选择，减少变更。

（2）快速出图：BIM 颠覆了传统 CAD 绘图，模型绘制后，出图迅速简单，一处修改影响多图纸，节省时间和减少错误。

（3）机电管综碰撞检测：BIM 可视化和碰撞检测软件帮助提前发现碰撞，确保净空和检修空间合理。

（4）预制化＋模块化：BIM 支持高精度的预制和模块化设计，提高效率，降低噪音和垃圾。

（5）渲染与沉浸式浏览：通过 VR 沉浸式体验，设计院可以提高甲方满意度，展示企业亮点。

BIM 的应用让设计流程更直观，整合信息更快，提高了效率和图纸质量。它帮助控制成本、提升设计精细化，增强了企业竞争力，创造更大的生产价值。

2. 施工阶段的价值

（1）进度管理：BIM 可用于进度模拟，通过将进度计划与 BIM 模型关联，实时模拟施工进展，有助于分析问题并及时调整施工进度，确保工程按计划进行。

（2）成本管理：BIM 可用于实时监控和管理建筑工程成本，根据进度计划确定每个施工过程的预计成本，并精细控制实际施工成本，减少返工和错误导致的额外费用。

（3）质量管理：BIM 可用于质量检查，质检人员可在 BIM 模型中关联问题，以便其他人员快速定位和解决问题。同时，BIM 还支持数据信息协同，有助于准备、检查、追踪和反馈物料、设备、资料等，确保施工质量。

（4）安全管理：BIM 可用于识别危害因素，划分危险区域，制定安全措施，进行安全评价和监控。通过 BIM 技术，可以有效管理施工现场的安全，减少事故发生的可能性。

BIM 技术在施工阶段可以提高工程效率，降低成本，缩短工期，改善施工质量，增强安全管理，为项目管理提供了全面的支持。

3. 运维阶段的价值

（1）空间管理：基于 BIM 的可视化效果提供了用户直观查看楼宇内各处空间信息的能力，解决信息孤岛问题。

（2）资产管理：BIM 整合设备信息，实现设备管理的高效共享，同时支持实时数据探测和记录，丰富设备生命周期数据。

（3）消防应急管理：BIM 技术在建筑消防设备管理和应急疏散方面发挥了重要作用，提供可视化支持。

（4）能耗管理：BIM 用于实时监测建筑能耗，分析数据，提供能源效率建议，帮助降低能耗和管理成本。

BIM 技术的应用为建筑行业带来了全面的数字化、集成化、可视化和智能化管理，不仅提高了效率，降低了成本，还改善了质量、加强了安全管理、优化了空间和资产管理，以及支持了能源效率的提升。这些价值体现在不同项目阶段，为建筑行业的发展和可持续性做出了积极贡献。

9.2 BIM 发展现状

BIM 技术已经成为建筑行业信息化市场中的关键驱动力。根据中研普华的测算，从 2020 年到 2025 年，全球 BIM 市场规模将从 74.2 亿美元增长至 184.7 亿美元，年均复合增长率达到 20%。在全球 BIM 市场规模的地区分布方面，北美和欧洲分别位居前两大市场，2019 年它们占据了全球市场规模的 38.30%和 32.60%，而亚洲地区以 21.90%的份额紧随其后。此外，从 BIM 技术的普及情况来看，北美和欧洲已经有七成工程项目实现了中等程度的普及，而在我国，技术普及率刚刚过半，这表明我们仍有很大的提升空间。国内外 BIM 应用普及率如图 9-1 所示。

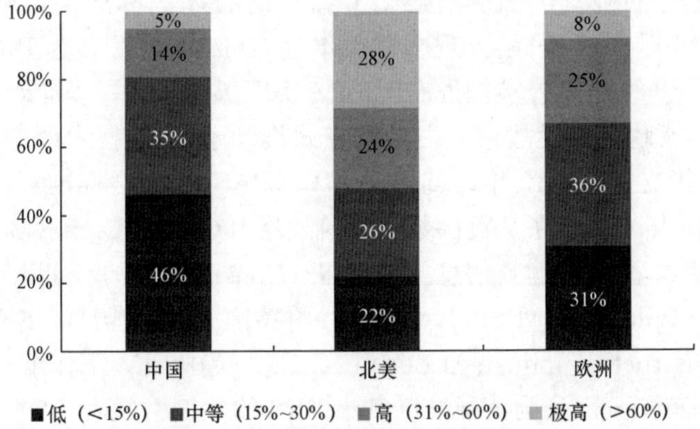

图 9-1　国内外 BIM 应用普及率

来源：中研普华产业研究院，国元证券研究所

9.2.1　国外 BIM 技术现状

1. 美国

美国一直是 BIM 技术的领先者，自 20 世纪 70 年代末以来，该技术在美国建筑、工程和施工（AEC）行业广泛应用。早在 2003 年，美国总务管理局建立了国家 3D-4D-BIM 计划，要求在各类公共建筑项目中采用 BIM。此后，美国相继出台了一系列政策和法规来推动 BIM 技术的应用：

2003 年，美国陆军工程兵总司令部规定了与承包商合作使用 BIM 技术的要求，促进了 BIM 技术的实际应用。2007 年，美国发布了国家 BIM 标准，为公共和私营部门项目的 BIM 使用制定了标准，推动了 BIM 技术的标准化和推广。2009 年，威斯康星州要求所有价值超过 500 万美元的公共工程项目必须使用建筑信息建模，扩大了 BIM 技术的应用范围。同年，得克萨斯州设施委员会要求在公共项目上使用 BIM 软件，推动了 BIM 技术在该州的采用。2018 年，洛杉矶社区大学区要求在所有重大项目中使用 BIM 技术，进一步推动了 BIM 技术的普及。

尽管美国没有全国性的强制性 BIM 技术政策，但各个州和政府部门正在制定自己的 BIM 政策和标准，以促进该技术在更多项目中的应用。例如，威斯康星州在 2010 年要求在预算超过 500 万美元的州级项目以及预算超过 250 万美元的新建项目中强制使用 BIM，为 BIM 技术的推广铺平了道路。此外，美国建筑师协会（AIA）正在制定 BIM 文件指南，包括 BIM 执行计划和建模协议的模板，这些工具与国家 BIM 计划一起推动了 BIM 技术的广泛应用。

美国建筑科学研究院于 2022 年 9 月 7 日启动了美国国家 BIM 计划，该计划制定了为期五年的路线图，旨在实现每个州的建筑环境数字化转型，为美国的建筑工程行业带来更智能、数字化的未来。

2. 英国

英国一直是 BIM 技术的先驱之一，具有丰富的发展历程。1987 年，英国建筑行业代表联合成立了建设项目信息委员会（BPIC），旨在提供建筑生产信息的最佳实践指导，并将这些指导原则传播至整个行业。英国逐渐强化了对 BIM 技术的标准化和政策支持。1997 年，英国发布了首个 BIM 标准 Uniclass，现今的版本是 Uniclass2015，为 BIM 技术的应用提供了明确的规范和指导。2007 年，英国发布了 BIM 实用指南，进一步推动了 BIM 技术的标准化和普及。2011 年，《政府建设战略》白皮书正式推动了 BIM 技术的广泛采用，标志着政府对 BIM 技术的政策支持。2013 年，英国推出了《PAS1192-2 标准》，加强了工程交付管理和财务管理。2015 年，提出了“英国数字建筑战略”（DBB-Digital Built Britain）-BIM3 级战略计划。2017 年，爱尔兰建筑信息技术联盟（Construction IT Alliance-CitA）发表了全球 BIM 应用纵览（Global BIM Study）报告，将英国 BIM 联盟（UK BIM Alliance）、建筑行业联合会（Construction Industry Council，CIC）、英国 BIM 工作组（BIM Task Group）和 buildingSMART 英国分部列为英国推广实施 BIM 的关键引领者。2018 年，英国 NBS 发布了《NBS 国家 BIM 报告 2017》。

英国是全球范围内 BIM 技术应用最广泛的国家之一。根据国家调查报告，大约 75%的专业人士了解并积极使用 BIM 技术，仅有 25%的人对 BIM 技术有所认知，而不到 1%的人一无所知。这表明 BIM 技术在英国已成为建筑和工程行业的标准配置，认知程度超越了大多数国家。试点项目已从部分应用扩展到全面应用，成为常规项目的一部分。

BIM 技术在英国被广泛认为可以实现多方面的目标，包括成本节约、时间效率提高、项目工期缩短、绿色环保和可持续发展，以及促进贸易逆差的减少。这些理念推动了 BIM 技术在英国的不断扩大应用，已经成为建筑和工程行业的常态。

3. 俄罗斯

俄罗斯一直关注建筑信息化，这一关注可以追溯到 20 世纪 70～80 年代的冷战时期，当时的专家为推动建筑信息化做出了杰出贡献。然而，由于苏联末期经济持续萎缩以及苏联解体后的政治和经济动荡，俄罗斯本土的建筑技术信息化进展并不如人意，甚至曾一度陷入停滞，工作范围仅限于软件开发领域，实际应用非常有限。

自 2000 年以来，随着俄罗斯国内政局的稳定和国际油价的上涨，建筑技术信息化再次受到政府和业界的重视。特别是在 2002 年，美国 Autodesk 公司首次提出了 BIM 的概念后，俄罗斯本土的信息化专家也积极参与 BIM 的研究和开发。他们希望尽快将现代 BIM 技术应用于建筑领域的各个生命周期阶段，包括设计、投资、施工、运营、维护和拆除，以提高效率、降低成本和实现节能环保。

2008 年，Autodesk 公司在莫斯科发布了由美国和俄罗斯专家联合研发的“Revit User Day”（RUD）BIM 软件，这标志着俄罗斯 BIM 应用发展史上的重要时刻。2014 年，俄罗斯政府正式支持在国内建筑领域逐步采用 BIM 技术，包括法规的制定、技术标准的制定以及国家统一数字平台的建立等。这两项政策文件的发布标志着 BIM 技术正式进入俄罗斯建筑领域的国家舞台，为 BIM 技术的可持续发展指明了方向。

在 2014 年至 2021 年期间，俄罗斯政府和相关部门陆续颁布了十余项与 BIM 技术推广和应用有关的政策和法规。2015 年，俄罗斯正式成立了俄罗斯 BIM 协会，以推进和实施 BIM 技术在建筑及其他相关领域的应用。目前，BIM 技术已成为俄罗斯建设领域的重要组成部分，涵盖了设计、施工、运营等多个方面。截至 2020 年初，有 5%～7%的本土企业正在使用 BIM 技术，涉及的项目主要是特大型项目。在疫情期间，BIM 技术还在俄罗斯的方舱医院建设中发挥了重要作用。需要指出的是，BIM 技术主要由设计单位使用，占比超过90%，而施工和后续维护企业的使用比例较低。根据估计，2019年，俄罗斯本土BIM市场总额在6700万～7700万美元之间，占全球BIM市场份额的1.4%～1.5%。

4. 新加坡

新加坡是亚洲BIM技术应用的领先国家，其BIM实施之路可以分为两个阶段。

第一个阶段是2010—2015年，新加坡建设局（Building and Construction Authority，BCA）制定了第一个BIM路线图，旨在通过制定相应策略提高建筑业的BIM使用率，即：①在所有新建工程项目中，新加坡政府部门率先要求采用BIM技术，以提高BIM普及率；②制定BIM交付模板，以消除由CAD向BIM转换所面临的障碍；③成立BIM基金，鼓励企业发展和应用BIM技术；④鼓励大学开设与BIM相关的课程，以培养新型人才。在这个阶段中，BCA主要扮演了发起者和推动者的角色，同时也兼顾了监管者、示范者、资助者和教育者的角色。

第二个阶段是2016—2020年，新加坡发布了第二个BIM路线图，将重点转向设施和资产管理、加速流程转型、以及BIM研发和创新。因此，提出了五项新的策略：①BIM用于设施管理和智慧城市；②推动整个虚拟设计与施工（VDC）过程的BIM协作；③BIM用于制造与装配设计（DfMA）；④推动各级别的新培训计划；⑤加快BIM各项研发。为了实施这些策略，BCA发布了新的BIM电子提交规范和指南，并针对DfMA、VDC和资产信息交付等领域提供了详细的指导。在这个阶段中，政府的研究者角色更加突出，将研发作为推动BIM实施的五大战略之一。政府的教育者角色也更加重要，并且继续承担监管者的角色。

新加坡政府在推动BIM技术应用方面发挥了重要作用，政府以目标导向、分阶段、全面协调的方式制定并实施了两个BIM路线图，并通过发布标准和指南、提供培训和资金、展示成功案例等方式促进了建筑业的数字化转型。

9.2.2 国内BIM技术现状

自2001年起，中国开始正式引进和接触BIM理念和技术。建设部（现为住房和城乡建设部）于2001年发布了《建筑事业信息化“十五”计划》，明确了建筑业信息化的必要性，其中包括完善建筑领域信息化标准体系，奠定了中国BIM技术发展的基础。2001—2006年，国家的科技攻关计划和科技支撑计划中均包含了与BIM技术相关的研究内容。2011年，住房和城乡建设部发布了《2011—2015年建筑业信息化发展纲要》，着力推进BIM等技术在工程领域的应用，促进信息技术集成应用。

2012年，住建部首次明确提出开展中国BIM相关标准的制订工作。2015年，发布了《2016—2020年建筑业信息化发展纲要》，制定“十三五”时期的发展目标，包括全面提高建筑业信息化水平和加强BIM等技术在工程领域的应用。2022年，住建部发布了《“十四五”建筑业发展规划》，提出加强BIM技术在工程全生命周期内的集成应用，推动数字化成果交付和应用。

除了国家部门的政策引导，国内建筑设计团队和学术界也开始学习和研究BIM技术。一些大学成立了BIM课题组，BIM门户网成立，BIM设计大赛等活动也有助于提高BIM技术在建筑领域的影响力。

在BIM软件方面，中国本土的BIM软件厂商如广联达、鲁班软件和斯维尔等逐渐崭露头角。他们提供应用型软件和配套业务解决方案，具有竞争优势，有望在市场上获得更大份额。BIM 咨询服务和 BIM 培训服务也在中国迅速发展，随着 BIM 技术的推广，市场机会逐渐增多。未来市场竞争可能加剧，但发展前景广阔。

9.3 BIM 技术标准

在中国建筑市场，尽管有众多的图形支持平台和专业应用软件，它们已经显著提升了建筑业的质量和效率，实现了时间和成本的节约。然而，这些软件来自不同的开发商，缺乏兼容性，导致建筑信息模型以不同格式存在，使得各专业、甚至同一专业之间难以实现建筑信息的共享与转换。这也造成了设计单位、施工单位和运营管理单位之间难以整合建筑信息，严重加剧了“建筑信息孤岛”的问题。这一问题的根本原因在于缺乏统一的 BIM 技术标准。

为了促进中国 BIM 技术的应用和发展，我们需要借鉴国外的先进理念和成功经验，特别是关注美国 BIM 技术标准的研究，以不断探索并建立适合中国国情的 BIM 标准体系。总体来说，BIM 技术的基础在于数据标准，核心在于建筑信息模型的共享与转换，其目标是实现建筑生命周期过程中的协同工作。要实现 BIM 技术的应用和发展，必须积极制定 IFC 标准、IFD 标准以及 IDM 标准。

9.3.1 BIM 技术的相关标准

1. IFC 标准

工业基础类（Industry Foundation Class，IFC）标准是建筑信息模型（BIM）数据交换和共享的开放文件格式规范，由 buildingSMART 组织制定和维护。IFC 标准经过多年的发展，已成为共享和转换建筑信息模型数据的标准格式。IFC 标准的历史发展（见图 9-2）可以分为以下阶段：

（1）创立阶段（1994—1996 年）：IFC 标准的故事始于 20 世纪 90 年代初，当时 Autodesk 公司发起了一个产业联盟，旨在定义建筑信息的统一数据格式。这个初步的构想为 IFC 的诞生奠定了基础。1996 年，IFC 发布了第一个稳定的版本，即 IFC1.0，标志着 IFC 标准正式亮相。

（2）发展阶段（1997—2006 年）：IFC 标准在接下来的几年里经历了不断的升级和修订。从 IFC1.5 到 IFC2x3，标准不断增加对多个领域和实体的支持，包括结构、机电、消防等。此时，IFC 还增加了对 XML 和 STEP 格式的支持，使数据传输和存储更加便捷。

（3）成熟阶段（2007—2019 年）：在这一阶段，IFC 标准获得了更广泛的认可和应用。它被列入了 ISO 国际标准，得到了多个国家和地区的支持和推广。2013 年，发布了 IFC4 版本，扩展了对参数和几何的支持，增强了对建筑服务和结构领域的支持，并提供了一种简单的 XML 格式。2016—2019 年，IFC4.1 和 IFC4.2 版本相继发布，主要是为了支持不断发展的基础设施领域，如桥梁、铁路、公路和隧道等。

（4）创新阶段（2020 年至今）：IFC 标准进入了一个全新的发展阶段，积极探索新技术和新需求。2020 年，发布了 IFC5 版本的第一个候选者草案（Candidate Draft）。在这个阶段，标准不仅将提供更强大的参数功能，还将包含基础结构领域的信息，以满足日益复杂和

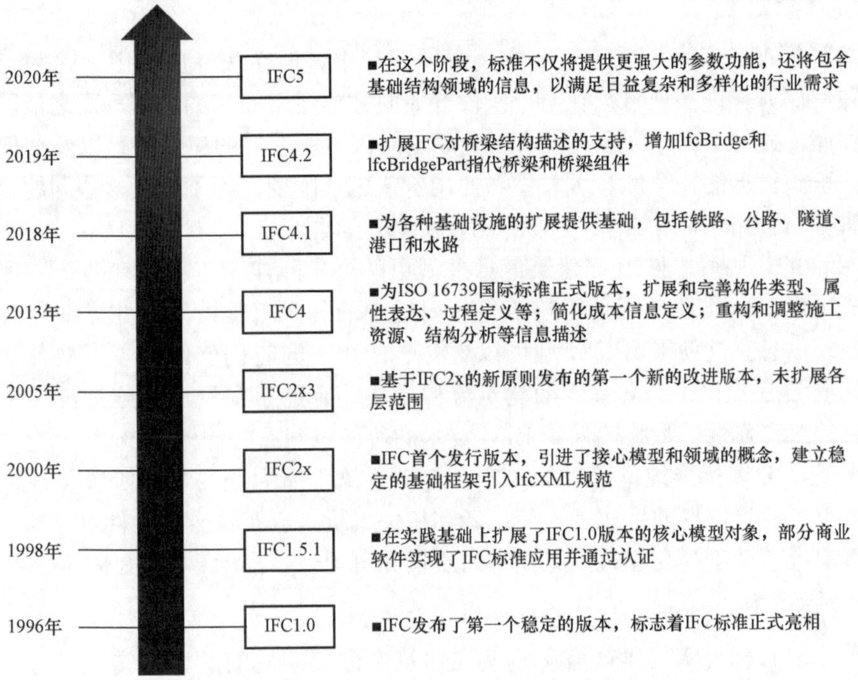

图 9-2　IFC 标准的版本发布历史

多样化的行业需求。

IFC 标准的发展历程代表了建筑信息建模领域的不断演进和创新，为数字化转型和协同工作提供了坚实的基础。这一标准的演化反映了建筑行业不懈努力，追求协同和效率，为全球建筑和基础设施项目的成功交付提供支持，也为未来的创新和发展铺平了道路。

2. IFD 标准

IFC 标准的制定涉及大量建筑构件，这些构件的命名与其类型、形状、材料等属性密切相关，因此需要一个类似于字典的标准，明确定义每种建筑构件的含义、使用方法、使用位置以及在不同使用阶段的属性。为了制定全球适用的建筑构件命名标准，国际标准 ISO 12006-3 于 1999 年在温哥华会议上制定了对建筑构件命名的标准。随后，荷兰的 STABU 公司和挪威的 BARBI 公司合并研究成果，于 2006 年签署了协议，形成了国际字典（International Framework for Dictionaries，IFD）标准。IFD 标准在 2006 年的葡萄牙里斯本 buildingSMART 会议上总结前期研究成果，根据 ISO 12006-3 标准继续制定和开发。自 2009 年 4 月起，IFD 标准正式归属于 buildingSMART 组织。

IFD 标准的内容包括两个方面：概念和属性。每个概念都有明确的定义，但可能在不同语言中具有不同的名称，甚至在同一种语言中也可能存在多个名称，例如，“粉面”和“罩面”概念相同。此外，一个名称可能表示多个不同的概念，例如，“门”可以表示“门扇”或“门框”。每个概念通常有多个属性，包括功能、影响、测量方法、单位等。在特定环境下，同一概念可能与不同属性相关联。目前，IFD 标准的开发由 buildingSMART 组织的 IFD 标准开发组（IFD Library Group）负责，最新版本是 IFD Library API 2.0。

3. IDM 标准

尽管 IFC 标准已经满足了建筑的全生命周期需求，但在实际应用中，它并未充分考虑到一些问题。例如，许多项目只在下一阶段开始时才描述下一步的流程，而之前阶段的信息未被整合存储。此外，IFC 标准并没有明确规定应该生成怎样的建筑信息以及如何在不同参与方之间共享。信息的安全性、可靠性和使用价值也是问题。为了解决这些问题，引入了信息交付手册（Information Delivery Manual，IDM）标准。

IDM 标准的应用可以使 IFC 建筑信息模型更贴近实际建筑工程，有助于实现建筑信息模型的集成。IDM 标准明确划分了建筑生命周期中的各个工程阶段，并详细定义了每个阶段需要的建筑信息。这使得 IFC 模型可以更易于使用，同时仍然保持了模型各部分之间的关联。IDM 标准还提供了一套基本的建筑流程模块，有助于在设计和施工过程中更好地实现建筑信息的互操作性，最终确保了 BIM 技术的价值得到更好的体现。

具体来说，IDM 标准规范了以下内容：定义建筑生命周期的各个阶段、各个阶段对建筑信息的需求、建筑信息的生成者、使用者和相关人员，以及各专业软件对建筑信息的筛选方法。这些规范有助于提高建筑信息模型的质量和可用性，推动 BIM 技术的广泛应用。

4. IFC 标准、IFD 标准、IDM 标准之间的关系

BIM 技术的目标是实现建筑信息模型在建筑生命周期内的共享与转换。这一目标的实现需要三个基本条件，即制定建筑信息模型标准、制定建筑信息模型解读标准以及制定建筑信息模型传递内容和工程阶段划分标准。通过 IFC 标准、IFD 标准和 IDM 标准的制定和应用，可以真正实现 BIM 技术对建筑信息模型的共享与转换。在 BIM 技术的应用和建筑生命周期过程中，这三个标准发挥不同的角色：

（1）IFC 标准的角色（见图 9 - 3）：IFC 标准对建筑信息模型进行了定义，使所有与建筑相关的信息可以通过 IFC 建筑信息模型在不同部门和专业之间进行共享与转换。它充当着建筑信息模型的通用标准，确保不同软件和系统能够理解和处理建筑信息。

（2）IFD 标准的角色（见图 9 - 4）：IFD 标准充当了 IFC 标准的补充和完善，其主要功能是对 IFC 建筑信息模型进行翻译，以确保信息的正确识别。有时，即使信息没有拼写错误，不同语言或合成词的使用也可能导致信息无法正确解析。IFD 标准通过提供文本说明等方式，有助于确保建筑信息的接收方能够准确无误地读取模型信息。

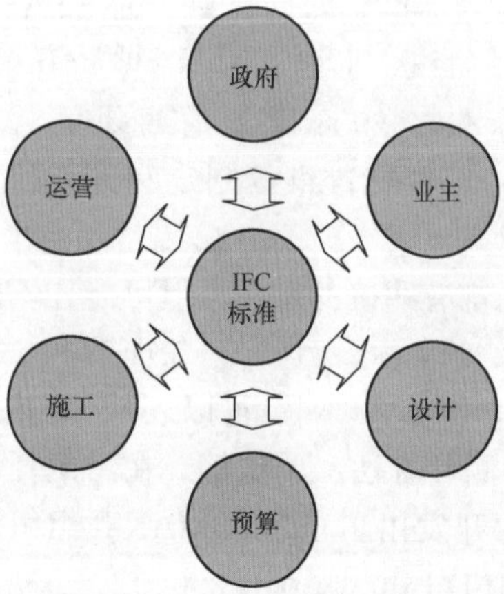

图 9 - 3 IFC 标准的角色

（3）IDM 标准的角色（见图 9 - 5）：IDM 标准在建筑生命周期的各个阶段中定义了需要交换的建筑信息以及这些信息与整个建筑信息模型的关系。它明确规定了每个阶段所需的建筑信息，以及不同专业之间信息的交互。通过 IDM 标准的应用，建筑信息的交换可以自动完成，并进行检查，以确保各专业之间的信息传递正确无误。

这三个标准共同作用，有助于实现 BIM 技术在建筑行业的顺畅应用，提高了建筑信息模型的互操作性和质量。

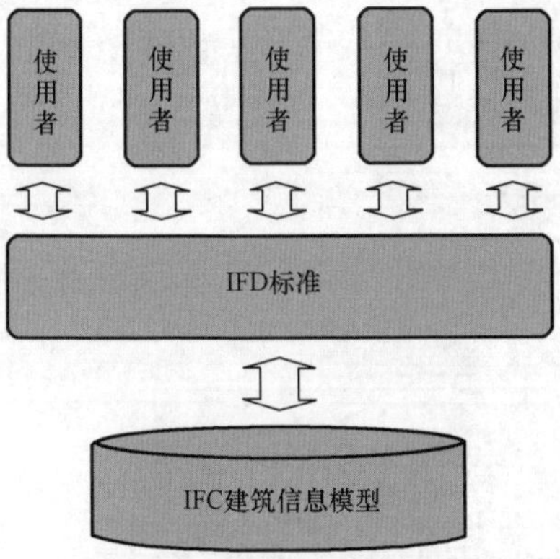

图 9-4　IFD 标准的角色

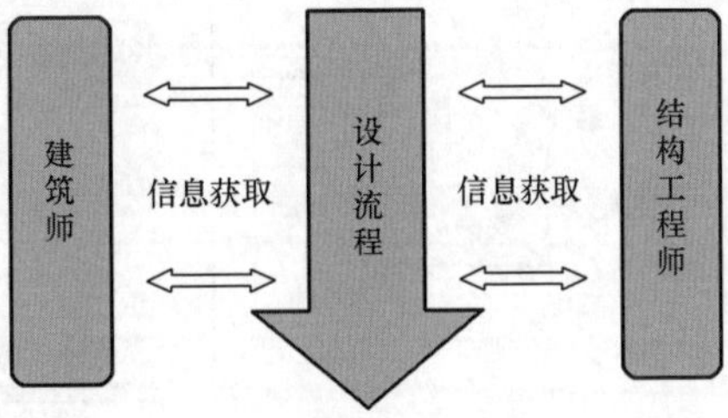

图 9-5　IDM 标准的角色

9.3.2　国外 BIM 标准发展

1. 美国 BIM 标准（NBIMS-US）

美国 buildingSMART 联盟（buildingSMART alliance，bSa）是美国建筑科学研究院（National Institute of Building Science，NIBS）在信息资源和技术领域的专业委员会。该联盟下属的美国国家 BIM 标准项目委员会（the National Building Information Model Standard Project Committee-United States，NBIMS-US）专门负责研究和制定美国的国家 BIM 标准（National Building Information Model Standard，NBIMS）。

2016 年，buildingSMART 联盟发布了 NBIMS 的第三版。该版本增加了 BFC、LOD、NCS 等技术标准的引用，并补充了 BIM 信息交换的标准，如建筑方案信息交换标准、电气设备信息交换标准、HAVC 信息交换标准、WSie 给排水系统信息交换标准等。

NBIMS-US 第三版的主要内容包括 BIM 技术参考标准、信息交换标准与实践指南三个部分（见图 9-6）。NBIMS-US 标准体系并不是一个单一的标准，而是由一系列相关的 BIM 标准组成。这些标准引用层、信息交换层和 BIM 标准实施层相互引用、相互联系、相互依托，形成一个整体。

NBIMS－US 用于指导建筑师、工程师、承包商、业主、营运团队（AECOO），能够真正在工程项目的全生命周期中进行 BIM 综合生产实践，让各专业人员能在开放的、共享的、标准的环境下协同工作。

2. 英国 BIM 标准

在 2011 年 5 月，英国政府发布了一份名为《政府建设战略》（Government Construction Strategy）的政策白皮书，旨在推动 BIM 的应用。该白皮书详细解释和定义了 BIM 以及 BIM 的成熟水平，并不断完善和更新了 Bew-Richards 成熟度模型。为了配合英国的 BIM 发展战略，从 2013 年开始，英国标准协会（BSI）陆续发布了一系列 PAS 1192 系列 BIM 应用规范，这些规范旨在规范建设项目中的专业信息交换要点以及项目交付阶段的信息管理。

PAS 1192 框架规定了专业信息交付阶段的模型建模精度（图形内容）、模型信息（非图形内容，例如规范数据）、模型定义（模型属性含义）以及模型信息交换的要求。基于英国 PAS 1192 的部分标准，国际标准化组织（ISO）制定了 ISO 19650 系列国际标准。BSI 的英

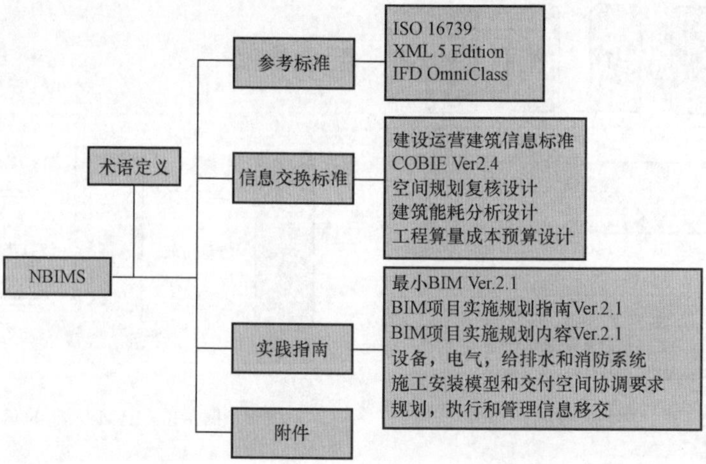

图 9 - 6　NBIMS - US V3.0 内容图

国标准和公开可用规范（PAS）在持续不断的完善和发展中，以适应 BIM 领域的不断变化。举例来说，最初的 PAS 1192 标准框架中还包括了 BS 1192：2007＋A2 建筑工程信息协同工作规范，以及 PAS 1192 - 2：2013 项目建设资本/交付阶段 BIM 信息管理规程，而这些已经被 BS EN ISO 19650 系列标准所取代，见表 9 - 1。

表 9 - 1　　PAS 1192 系列标准规范汇总表

标准名称	内容概要
BS EN ISO 19650 - 1:2018	有关建筑物和土木工程信息的组织和数字化，包括建筑物信息建模；使用建筑物信息建模的信息管理；概念和原则
BS EN ISO 19650 - 2:2018	有关建筑物和土木工程信息的组织和数字化，包括建筑物信息建模；使用建筑物信息建模的信息管理；资产的交付阶段
BS EN ISO 19650 - 3:2020	有关建筑和土木工程相关信息的组织和数字化，包括建筑信息模型；使用建筑信息模型进行信息管理。资产运营阶段
BS EN ISO 19650 - 5:2020	有关建筑和土木工程相关信息的组织和数字化，包括建筑信息模型；使用建筑信息模型进行信息管理；注重安全的信息管理方法
PAS 1192 - 6:2018	使用 BIM 协作共享和使用结构化的健康与安全信息的规范；该规范提出了通过 BIM 流程和应用程序来应用 H&S 信息使用的框架（风险信息周期），指定了在整个项目和资产生命周期中协作共享结构化 H&S 信息的要求
PAS 1192 - 5:2015	BIM、数字化建筑环境和智慧资产管理的安全意识规范；PAS 1192 - 5 规定了 BIM 和数字化构建环境的安全管理要求；它概述了使用 BIM 时的网络安全漏洞，并提供了评估过程以确定 BIM 协作的网络安全级别，该级别应在项目站点和建筑物生命周期的所有阶段中应用
PAS 1192 - 3:2014	满足业主信息交互要求的 COBie 格式信息协同工作规范；该标准规定了项目各方传递建筑和基础设施相关的结构化信息的方法，以及项目交付至使用阶段之前的设计和施工阶段的预期

续表

标准名称	内容概要
BS 8536 - 1:2015	设计和施工概述——第 1 部分：设施管理实施规范（建筑基础设施）；该标准为设计和施工阶段提供建议，旨在确保运营商、运行团队及其供应链的人员从项目启动就参与进来，并将项目供应链的参与范围从交付阶段扩展到运维阶段
BS 8536 - 2:2016	设计和施工概述——第 2 部分：资产管理实施规范（线性的地理基础设施）；该标准适用于能源、通信、交通、供水等公用工程基础设施项目设计和施工，以确保设计考虑到资产在其计划的使用寿命内的预期性能

3. 新加坡 BIM 标准

新加坡 BIM 标准体系主要分为四个层面：BIM Roadmap、BIM Guide、BIM Essential Guide 和 BIM e - submission Guide。每个层面都有特定的目标和重点工作，旨在推动建筑行业的 BIM 应用和发展。

（1）BIM Roadmap（BIM 发展路径图）。BIM Roadmap 是新加坡政府制定的 BIM 发展计划，分为两版，分别覆盖了 2010—2015 年和 2016—2020 年。其主要目标和策略包括：第一版（2010—2015 年）着重于奠定 BIM 发展的基础，克服潜在阻碍，并正式引入 BIM 应用。第二版（2016—2020 年）侧重于在项目全生命周期中推动 BIM 的应用，包括协作虚拟设计、工厂制造和装配式建筑、BIM 能力培养计划以及设施管理和智慧城市建设。

（2）BIM Guide（BIM 应用指南）。BIM Guide 旨在指导采用 BIM 的设计项目，提供了交付成果、执行流程和专业人员角色的详细指南。它帮助项目参与者明确各自的责任，并在“BIM 执行计划”中明确交付成果的时间和责任方。这有助于确保项目达到 BIM 的目标。

（3）BIM Essential Guide（BIM 专业基本指南）。BIM Essential Guide 以图文方式介绍各专业在 BIM 模式下的应用点，以实际案例展示如何实施。例如，建筑设计 BIM 应用指南介绍了概念设计阶段、方案设计阶段和深化设计阶段的应用点，以及相应的要求和最佳实践。这有助于各专业理解 BIM 的具体应用。

（4）BIM e - submission Guide（BIM 电子提交指南）。BIM e - submission Guide 是基于 e - Submission 平台的政府指南，针对建筑、结构和机电专业制定了成果要求和普遍要求。它详细规定了不同建筑类型的文件格式、建模标准、2D 视图规范以及模型深度等要求，甚至包括不同功能房间的填充颜色要求。此外，它还关注 BIM 模型与 CAD 技术的过渡，允许对 BIM 模型的二维图纸进行审查，以实现应用的顺利落地。

9.3.3　我国 BIM 标准发展

近年来，住房和城乡建设部等多个部委积极推动建筑全生命周期 BIM 模型的创建、使用、管理等国家标准体系建设，这些举措有力地推动了 BIM 技术在我国建筑领域的规范应用。以下针对我国部分 BIM 相关标准及指南进行详细介绍，如图 9 - 7 所示。

1.《建筑信息模型应用统一标准》——国内首个 BIM 国标

我国的 BIM 标准发展始于国内首个 BIM 国标《建筑信息模型应用统一标准》（GB/T 51212—2016），该标准于 2017 年 7 月 1 日起实施，首次起草单位为中国建筑科学研究院。

图 9 - 7　国内 BIM 相关标准及指南

来源：中国信息通信研究院。

这一标准为建筑工程的BIM应用提供了统一的规范，包括模型的数据要求、模型的交换及共享要求、模型的应用要求、项目或企业具体实施的其他要求等。这可类比为宪法，明确了核心的原则，而不涉及具体的细节。

2.《建筑信息模型施工应用标准》

《建筑信息模型施工应用标准》（GB/T 51235—2017）于 2018 年 1 月 1 日起实施，首次起草单位为中国建筑股份有限公司和中国建筑科学研究院。该标准规定了在施工过程中如何使用BIM应用，以及如何向他人交付施工模型信息。它包括深化设计、施工模拟、预加工、进度管理、成本管理等方面的内容，主要面向施工及监理BIM相关人员。

3.《建筑信息模型分类和编码标准》

《建筑信息模型分类和编码标准》（GB/T 51269—2017）于 2018 年 5 月 1 日起实施，首次起草单位为中国建筑标准设计研究院有限公司。该标准与 IFD（Information Delivery Manual）标准关联，基于 Omniclass，面向建筑工程领域，规定了各类信息的分类方式和编码方法，涵盖了建设资源、建设行为和建设成果等各类信息。这个标准不仅仅局限于模型和信息的编码，还扩展到项目中涉及的人员和其工作，对信息整理、关系建立和信息使用都发挥了关键作用。特别需要强调的是，这个标准涵盖了建筑全生命周期的编码，为BIM软件开发商和第三方工具开发商提供了重要的参考。

4.《建筑信息模型设计交付标准》

《建筑信息模型设计交付标准》（GB/T 51301—2018）于 2019 年 6 月 1 日起实施，首次起草单位为中国建筑标准设计研究院有限公司。该标准包含了信息交付管理（IDM）的一些概念，以及设计应用方法。它规定了交付准备、交付物、交付协同三个方面的内容，包括建筑信息模型的基本架构、模型精细度、几何表达精度、信息深度、交付物、表达方法、协同要求等。此外，该标准明确了“设计BIM”的本质，即建筑自身的数字化表达，为BIM数据流转提供了标准引领。这一标准也是行业标准《建筑工程设计信息模型制图标准》的延伸。

5.《制造工业工程设计信息模型应用标准》

《制造工业工程设计信息模型应用标准》（GB/T 51362—2019）于 2019 年 10 月 1 日起实施，首次起草单位为机械工业第六设计研究院有限公司。该标准是制造工业工程设计领域的第一个信息模型应用标准，主要参照国际 IDM 标准，面向制造业工厂。它规定了在设计、施工、运维等各阶段 BIM 的具体应用，包括 BIM 设计标准、模型命名规则、数据交换方式、各阶段单元模型的拆分细则、模型的简化方法等。这一标准特殊之处在于它不按照机构划分，而是按照分支行业来划定，专门适用于制造业工厂，不包括一般工业建筑。

6.《建筑信息模型存储标准》

《建筑信息模型存储标准》（GB/T 51447—2021）于 2022 年 2 月 1 日起实施，首次起草单位为中国建筑科学研究院。该标准基于 IFC，规定了建筑工程对象的数据描述架构（Schema），以便信息化系统能够准确、高效地完成数字化工作，并以特定的数据格式进行存储和数据交换。

9.4　BIM 技术应用

9.4.1　AI 时代 BIM 的革命性应用

1. 智能生成设计方案

ChatGPT 是 OpenAI 于 2022 年 11 月推出的人工智能聊天机器人程序。GPT 是一种深度学习模型，它是基于互联网上可用的大量文本数据进行训练的。ChatGPT 采用了基于 GPT - 3.5 和 GPT - 4 架构的大型语言模型，并通过强化学习进行了训练。目前，ChatGPT 仍然以文字方式进行互动。除了可以与人类进行自然对话交互外，它还具备多种其他功能，包括翻译、问答、文本生成等。

通过 ChatGPT 生成建筑设计方案是一种利用人工智能技术辅助建筑设计的方法。ChatGPT 可以通过与设计师进行对话交互，了解设计需求、约束条件和偏好，并基于这些输入生成初步的建筑设计方案。设计师可以通过与 ChatGPT 的对话来探索不同的设计选项、进行快速迭代和尝试不同的设计概念。ChatGPT 可以根据设计师的反馈和进一步的对话进行调整和优化，帮助设计师获得更好的设计结果。这种技术能够加速设计过程、提供创新思路，并与设计师紧密合作，使设计过程更具灵活性和创造力。

2. 智能设计渲染

CollovGPT 和 EvolveLab Verasan AI 是 BIM 模型两种主流的智能设计渲染工具。通过融合人工智能技术和渲染引擎的创新方法，旨在提高建筑设计的视觉呈现效果。通过利用深度学习和计算机视觉技术，AI 智能渲染能够分析 BIM 模型的几何数据、材质属性和光照信息，并模拟物理效果，如光照、反射和阴影，以生成高度逼真的设计效果图像。这项技术的优势在于节省了传统渲染所需的大量时间和人力，能够快速预览和比较不同设计方案的效果，探索不同材质、色彩和光照条件下的建筑外观和氛围。还提供了可视化的交互式设计预览，让设计师能够更好地理解和评估设计决策。未来，它有望应用于虚拟现实、增强现实和交互式设计预览，提升设计沟通和决策过程的效果和效率。

3. 建筑方案智能分析与决策

Spacemaker 是 Autodesk 公司的一个人工智能城建软件，该软件能利用 AI 帮助建筑师、城市规划人员和开发人员作出更加快速、合理的决策，公司打造的仿真软件能包揽建筑设计中的大部分计算任务，让建筑师和设计人员可以专注于创造性任务，只需要输入环境参数、监管参数以及其他的项目需求，Spacemaker 就能生成数以千计可能性方案。

9.4.2 BIM 塑造建筑奇迹

1. 北京大兴国际机场

北京大兴国际机场位于 4.05 万亩（1 亩＝666.7m^2）土地上，拥有 150 个客机坪、24 个货机坪、14 个维修机坪和 70 万 m^2 的航站楼，年旅客吞吐量预计达 1.3 亿人次。这一壮丽工程被英国《卫报》评为“现代世界七大奇迹”之首，而 BIM 在其设计和施工中扮演了关键角色。项目初期明确定义了 BIM 数字标准和管理规范，包括文件接口、BIM 管理计划和设备升级等方面。为应对项目的复杂性，采用了多平台协同工作的 BIM 技术框架，以确保各专业领域的高效设计。BIM 还应用于外围护工程，包括屋顶曲面造型和屋面主结构网格的精确设计，以及屋面上的遮阳网片计算，为室内采光和能效提供了全面支持。北京大兴国际机场如图 9-8 所示。北京丽泽 SOHO 如图 9-9 所示。

图 9-8 北京大兴国际机场

图 9-9 北京丽泽 SOHO

2. 北京丽泽 SOHO

丽泽 SOHO 是一个综合超高层项目，集商业和办公空间于一体，总建筑面积 172 800m^2，其中地上建筑面积 124 000m^2，地下建筑面积 48 800m^2，控制高度达 200m。其独特之处在于采用 DNA 双螺旋结构设计，两座塔楼逐层旋转至 45°，创造出 200m 高的中庭，宛如科幻电影中的景观。为了精确施工这一不规则形状，运用了点云扫描、模型对比和 BIM 放线等技术。机电工程方面，深化－BIM 模型一体化技术用于管道预制的高精度安装。丽泽 SOHO 还引入了智慧建筑运营管理平台，整合了 BIM、5G 物联网、云计算等技术，用于监测租赁信息、能源管理、设备设施、安防管理和环境品质等，使其成为一座先进的智慧建筑。

3. 成都天府国际机场

成都天府国际机场是我国“十三五”期间规划建设的最大民用运输枢纽机场，定位为国家级国际航空枢纽、丝绸之路经济带中等级最高的航空港，计划负责成都出港的全部国际航线。成都天府国际机场是从设计、施工和运维全过程采用 BIM 技术的全国首个机场。BIM 技术运用在模型交底设计、图纸交底、方案交底、碰撞实验和二次结构深化等各方面，项目利用 BIM 技术制定“模型先行，样板引路”方针，通过 3D 模型技术交底，对施工过程中的重难点进行动画演示，明确了施工质量控制要点，保证施工安全，将可能遇见的施工问题提前解决；在设计图纸方面，对各分包单位的 3D 模型进行碰撞实验，提前检测施工图纸存在的问题，协助设计师优化图纸，大大节约了施工后的拆改成本。成都天府国际机场如图 9 - 10 所示。

图 9 - 10　成都天府国际机场

4. 深圳当代艺术馆及规划展览馆

深圳当代艺术馆及规划展览馆（MOCAPE），是由奥地利建筑师 Wolf D Prix 设计的深圳新地标，首次利用 BIM＋人工智能完成了建筑建造。建筑的“云彩”造型若按照传统的工艺需要 160 名工人，预计工期 8 个月，使用人工智能机器后仅用了 8 名工人耗时 3 个月就可以完成施工。建筑师结合建筑信息模型系统（BIM）使用机器人对金属部件进行浇筑、装配、焊接、打磨等操作，高难度、高精确度地完成了这一不规则弯曲的复杂构造。机器准备制作的仿不锈钢体模型视图在大大节约时间和人力成本的同时也为创作更复杂建筑形态带来了可能性。深圳当代艺术馆及规划展览馆如图 9 - 11 所示。

图 9 - 11　深圳当代艺术馆及规划展览馆

参 考 文 献

[1] 谭荣伟．建筑电气专业 CAD 绘图快速入门 [M]．2 版．北京：化学工业出版社，2015.
[2] 姚小春，魏立明．建筑电气 CAD 工程制图设计 [M]．北京：北京理工大学出版社，2015.
[3] 丁有军．建筑电气 CAD [M]．北京：中国轻工业出版社，2011.
[4] 孙成明，付国江．建筑电气 CAD 制图 [M]．2 版．北京：化学工业出版社，2016.
[5] 李军．电气制图与 CAD [M]．北京：高等教育出版社，2017.
[6] 吴成东．建筑电气工程设计 CAD 技巧与应用 [M]．北京：机械工业出版社，2007.